Griechisches Alphabet

A, α	Alpha	H, η	Eta	N, ν	Ny	T, τ	Tau
B, β	Beta	Θ, θ	Theta	Ξ, ξ	Xi	Y, υ	Ypsilon
Γ, γ	Gamma	I, ι	Jota	O, o	Omikron	Φ, φ	Phi
Δ, δ	Delta	K, κ	Kappa	Π, π	Pi	X, χ	Chi
E, ε	Epsilon	Λ, λ	Lambda	P, ρ	Rho	Ψ, ψ	Psi
Z, ζ	Zeta	M, μ	My	Σ, ς, σ	Sigma	Ω, ω	Omega

Römische Zahlzeichen

I	1	X	10	C	100	M	1000
V	5	L	50	D	500		

➡ Steht ein kleines Symbol vor einem größeren, so wird die kleinere Zahl von der größeren subtrahiert.

➡ Steht ein kleineres Symbol nach einem größeren, wird die kleinere Zahl zu der größeren Zahl addiert.

➡ Die Symbole I, X, C können höchstens dreimal hintereinander geschrieben werden, die Symbole V, L, D nur einmal.

Beispiele:

2 II	6 VI	20 XX	70 LXX	52 LII
3 III	7 VII	40 XL	90 XC	84 LXXXIV
4 IV	9 IX	50 L	28 XXVIII	106 CVI
5 V	10 X	60 LX	46 IVL	1996 MCMXCVI

Mathematik

Formeln & Grundlagen

Inhalt

Mathematische Grundlagen

Primzahlen

Natürliche Zahlen, die größer als 1 und nur durch 1 und sich selbst teilbar sind, heißen Primzahlen.

PRIMZAHLEN BIS 2000

2	3	5	7	11	13	17	19	23	29
31	37	41	43	47	53	59	61	67	71
73	79	83	89	97	101	103	107	109	113
127	131	137	139	149	151	157	163	167	173
179	181	191	193	197	199	211	223	227	229
233	239	241	251	257	263	269	271	277	281
283	293	307	311	313	317	331	337	347	349
353	359	367	373	379	383	389	397	401	409
419	421	431	433	439	443	449	457	461	463
467	479	487	491	499	503	509	521	523	541
547	557	563	569	571	577	587	593	599	601
607	613	617	619	631	641	643	647	653	659
661	673	677	683	691	701	709	719	727	733
739	743	751	757	761	769	773	787	797	809
811	821	823	827	829	839	853	857	859	863
877	881	883	887	907	911	919	929	937	941
947	953	967	971	977	983	991	997	1009	1013
1019	1021	1031	1033	1039	1049	1051	1061	1063	1069
1087	1091	1093	1097	1103	1109	1117	1123	1129	1151
1153	1163	1171	1181	1187	1193	1201	1213	1217	1223
1229	1231	1237	1249	1259	1277	1279	1283	1289	1291
1297	1301	1303	1307	1319	1321	1327	1361	1367	1373
1381	1399	1409	1423	1427	1429	1433	1439	1447	1451
1453	1459	1471	1481	1483	1487	1489	1493	1499	1511
1523	1531	1543	1549	1553	1559	1567	1571	1579	1583
1597	1601	1607	1609	1613	1619	1621	1627	1637	1657
1663	1667	1669	1693	1697	1699	1709	1721	1723	1733
1741	1747	1753	1759	1777	1783	1787	1789	1801	1811
1823	1831	1847	1861	1867	1871	1873	1877	1879	1889
1901	1907	1913	1931	1933	1949	1951	1973	1979	1987
1993	1997	1999							

Größen und Einheiten

Längenmaße

1 km = 1 000 m	km	Kilometer
1 m = 10 dm	m	Meter
1 dm = 10 cm	dm	Dezimeter
1 cm = 10 mm	cm	Zentimeter
1 mm = 0,1 cm	mm	Millimeter

Flächeninhalt

$1 km^2 = 100 ha$	km^2	Quadratkilometer
	ha	Hektar
$1 m^2 = 100 dm^2$	m^2	Quadratmeter
$1 dm^2 = 100 cm^2$	dm^2	Quadratdezimeter
$1 cm^2 = 100 mm^2$	cm^2	Quadratzentimeter
$1 mm^2 = 0,01 cm^2$	mm^2	Quadratmillimeter

Volumen

$1 m^3 = 1000 dm^3$	m^3	Kubikmeter
$1 dm^3 = 1000 cm^3$	dm^3	Kubikdezimeter
$1 cm^3 = 1000 mm^3$	cm^3	Kubikzentimeter
$1 l = 1000 ml = 1 dm^3$	l	Liter
$1 ml = 1 cm^3$	ml	Milliliter

Masse

1 t = 1000 kg	t	Tonne
1 kg = 1000 g	kg	Kilogramm
1 g = 1000 mg	g	Gramm
	mg	Milligramm

Zeit

1 d = 24 h = 1440 min = 86400 s	d	Tag
1 h = 60 min = 3600 s	h	Stunde
1 min = 60 s	min	Minute
	s	Sekunde

VORSÄTZE VON EINHEITEN

Vor-silbe	Bedeutung	Zei-chen	Multipli-kations-faktor
Tera	Billion	T	10^{12}
Giga	Milliarde	G	10^9
Mega	Million	M	10^6
Kilo	Tausend	k	10^3
Hekto	Hundert	h	10^2
Deka	Zehn	da	$10^1 = 10$
Dezi	Zehntel	d	10^{-1}

Vor-silbe	Bedeutung	Zei-chen	Multipli-kations-faktor
Zenti	Hundertstel	c	10^{-2}
Milli	Tausendstel	m	10^{-3}
Mikro	Millionstel	µ	10^{-6}
Nano	Milliardstel	n	10^{-9}
Pico	Billionstel	p	10^{-12}
Femto	Billiardstel	f	10^{-15}

Nicht-dezimale Maße

Einheit	Land	Abkürzung	Umrechnung
Längenmaße			
inch (Zoll)	GB, USA	in	1 in = 25,4 mm
foot (Pl: feet)	GB, USA	ft	1 ft = 30,48 cm = 12 in
yard (Elle)	GB, USA	yd	1 yd = 91,44 cm = 3 ft
Seemeile	DE	sm	1 sm = 1852 m
Raummaße			
Registertonne	DE, GB, USA	RT	1 RT = 2,832 m3
barrel	GB, USA		1 barrel = 158,758 l
imperial gallon	GB	gal	1 gal = 4,546 l
petrol gallon	USA	gal	1 gal = 3,785 l
Massenmaße			
ounce (Unze)	GB, USA	oz	1 oz = 28,35 g
pound	GB, USA	lb	1 lb = 453,59 g
quarter	GB	qr	1 qr = 12,7 kg
quarter	USA	qr	1 qr = 11,34 kg
Pfund	DE	Pfd.	1 Pfd. = 500 g
Zentner	DE	Ztr.	1 Ztr. = 50 kg

Dezimalzahlen

Darstellung von Dezimalzahlen mithilfe von Zehnerpotenzen

Im Dezimalsystem wird als Basis die Zahl 10 benutzt. Das heißt, alle einzelnen Ziffern einer Zahl entsprechen einer Potenz von 10 – je nach ihrer Stelle.

Beispiel:
7 312 524 016
sieben Milliarden dreihundertzwölf Millionen fünfhundertvierundzwanzig Tausend sechzehn
$7 \cdot 10^9 + 3 \cdot 10^8 + 1 \cdot 10^7 + 2 \cdot 10^6 + 5 \cdot 10^5 + 2 \cdot 10^4 + 4 \cdot 10^3 + 1 \cdot 10^1 + 6 \cdot 10^0$

Milliarden			Millionen			Tausend					
10^{11}	10^{10}	10^9	10^8	10^7	10^6	10^5	10^4	10^3	10^2	10^1	10^0
		7	3	1	2	5	2	4	0	1	6

Umwandlung von Dezimalzahlen in Brüche

Dezimalzahlen mit einer nicht zu großen Anzahl an Nachkommastellen lassen sich leicht in Brüche umwandeln. Im Nenner steht je nach Anzahl der Dezimalstellen eine Zehnerpotenz.

Beispiel:

2,157

Tausendstel $\dfrac{7}{1000}$

Hundertstel $\dfrac{5}{100}$

Zehntel $\dfrac{1}{10}$

2,157 = 2 Ganze und 157 Tausendstel $= 2\dfrac{157}{1000}$

Manchmal können diese Brüche noch gekürzt werden, z. B.

$$0,5 = 5 \text{ Zehntel} = \frac{5}{10} = \frac{1}{2}$$

$$0,75 = 75 \text{ Hundertstel} = \frac{75}{100} = \frac{3}{4}$$

Rundungsregeln

Die Ziffer rechts neben der Stelle, auf die gerundet werden soll, entscheidet, wie gerundet werden muss:

→ Bei 1, 2, 3 oder 4 wird abgerundet, z. B. $\quad 2{,}5\mathbf{64} \approx 2{,}56$

→ Bei 5, 6, 7, 8 oder 9 wird aufgerundet, z. B. $\quad 6{,}52\mathbf{19} \approx 6{,}522$

→ Häufig werden Zahlen auf die zweite Stelle nach dem Komma gerundet.

Näherungswerte

RECHNEN MIT NÄHERUNGSWERTEN

Näherungswerte erhält man beispielsweise beim

→ Runden von (unendlich) langen Dezimalzahlen, z. B. $\pi = 3{,}14159\,26535\,89793\ldots$ Der Näherungswert der Zahl π ist 3,14.

→ Messen, z. B. von Temperaturen

Abweichung

Ein Näherungswert weicht im Allgemeinen vom genauen Wert um nicht mehr als die Hälfte des Stellenwerts der letzten Ziffer ab.

Beispiel:
genauer Wert 305,55 (Wert zwischen 305,525 und 305,575)

Geltende oder zuverlässige Ziffern

Geltende oder zuverlässige Ziffern sind die Ziffern eines Näherungswertes, die für Rechnungen verwendet werden können.

Beispiel:
210,33 → 5 geltende Ziffern
4,75 → 3 geltende Ziffern
38,5 → 3 geltende Ziffern

Vornullen sind keine geltenden Ziffern: 0,000015 → 2 geltende Ziffern
Endnullen sind geltende Ziffern: 540 → 3 geltende Ziffern

Addition und Subtraktion von Näherungswerten

Es wird der Wert herausgesucht, bei dem die <u>letzte</u> zuverlässige Ziffer am weitesten links steht, und das Ergebnis auf diese Stelle gerundet.

Beispiel:
$5{,}15 + 4{,}4 = 9{,}55 \approx 9{,}6$
(9,55 auf die 1. Stelle nach dem Komma gerundet)

Multiplikation und Division von Näherungswerten

Es wird der Wert herausgesucht, der die geringste Anzahl zuverlässiger Ziffern besitzt, und das Ergebnis auf diese Stellenzahl gerundet.

Beispiel:
$2{,}7 \times 3{,}14 = 8{,}478 \approx 8{,}5$
(8,478 auf die 1. Stelle nach dem Komma gerundet).

Beispiel:
Eine Person läuft eine Strecke von einer Stadt zur nächsten in einer Zeit von 40,32 Minuten. Die Städte liegen näherungsweise 5,5 Kilometer voneinander entfernt.

5,5 km → 2 geltende Ziffern
40,32 min → 4 geltende Ziffern

Berechnung der mittleren Geschwindigkeit v:

$$v = \frac{5{,}5\,km}{40{,}32\,min} = 0{,}1364087\ km/min$$

Da beide angegebenen Werte gerundet waren,
5,5 km → Wert zwischen 5,25 und 5,75
40,32 min → Wert zwischen 40,31 und 40,33
beträgt die Höchstgeschwindigkeit:

$$v_{max} = \frac{5{,}75\,km}{40{,}33\,min} = 0{,}1426\ km/min = 142{,}6\ m/min$$

Die niedrigste Geschwindigkeit beträgt:

$$v_{max} = \frac{5{,}25\,km}{40{,}31\,min} = 0{,}1302\ km/min = 130{,}2\ m/min$$

Hier ist es sinnvoll, eine mittlere Geschwindigkeit von gerundet 136 m/min anzugeben.

Rechnen in verschiedenen Zahlenmengen

RECHENOPERATIONEN

Addition

$a + b = c$

a, b = Summanden
c = Summe
Summand + Summand = Summe

Schriftliches Addieren

		2	2	8	5	
Rechenzeichen	+	0	7	4	3	
			1	1		Übertragszeile
		3	0	2	8	Ergebniszeile

Subtraktion

$a - b = c$

a = Minuend
b = Subtrahend
c = Differenz
Minuend – Subtrahend = Differenz

Schriftliches Subtrahieren

		3	4	2	3	
Rechenzeichen	–	0	2	8	1	
				1		Übertragszeile
		3	1	4	2	Ergebniszeile

Multiplikation

$a \cdot b = c$

a, b = Faktoren
c = Produkt
Faktor · Faktor = Produkt

Schriftliches Multiplizieren

1	3	7	2	4	2	·	3	
		1	2			1		Übertragszeile
		4	1	1	7	2	6	Ergebniszeile

Division

$a : b = c$

a = Dividend
b = Divisor
c = Quotient
Dividend : Divisor = Quotient

Schriftliches Dividieren

	2	3	4	6	:	3	=	7	8	2	Ergebnis
–	2	1									
		2	4								
–		2	4								
		0	6								
–		0	6								
			0								

Potenzieren

$$a^b = c$$

a = Basis der Potenz
b = Exponent (Hochzahl)
c = Potenz
Der Exponent gibt an, wie oft die Basis mit sich selbst multipliziert wird.

Radizieren (Ziehen der Wurzel)

Radizieren ist die Umkehroperation des Potenzierens.

$$\sqrt[b]{a} = c$$

a = Radikand
b = Wurzelexponent
c = Wurzel

Logarithmieren

$$\log_b a = c \quad b > 0, b \neq 1$$

b = Basis
a = Numerus
c = Logarithmus

RECHENREGELN

→ Sind mehrere Rechenoperationen **gleicher Stufe** auszuführen, wird in der Regel schrittweise von links nach rechts gerechnet.

→ Sind mehrere Rechenoperationen **verschiedener Stufen** auszuführen, so haben stets die Operationen der höheren Stufen Vorrang.

Stufe 1: Addition, Subtraktion
Stufe 2: Multiplikation, Division
Stufe 3: Potenzieren, Radizieren und Logarithmieren

Daraus ergeben die beiden folgenden Rechenregeln:

Punktrechnung vor Strichrechnung

Multiplikation und Division sind stets vor Addition und Subtraktion auszuführen.

Beispiel:

$12 - 2 \cdot 4 = 4$ $\qquad$ $2 \cdot 4 = 8$
$\qquad\qquad\qquad\qquad 12 - 8 = 4$

Potenzieren, Radizieren, Logarithmieren vor Punktrechnung

Potenz,- Wurzel- und Logarithmus-Rechenoperationen sind stets vor der Punktrechnung auszuführen.

Beispiel:

$\sqrt{9} \cdot 3^2 = 27$ $\qquad$ $\sqrt{9} = 3$
$\qquad\qquad\qquad\qquad 3^2 = 9$
$\qquad\qquad\qquad 3 \cdot 9 = 27$

Ausnahmen von beiden Regeln bilden jedoch Operationen in Klammern, die immer zuerst ausgeführt werden müssen.

Operationen in Klammern

Rechenoperationen in Klammern haben in jedem Fall Vorrang, auch wenn sie einer niedrigeren Stufe angehören.

Beispiel:

$(12 - 2) \cdot 4 = 40$ $\qquad\qquad$ $12 - 2 = 10$
$\qquad\qquad\qquad\qquad\qquad 10 \cdot 4 = 40$

Innere Klammer vor äußerer Klammer

Bei komplexen Rechnungen mit mehreren Klammern haben die Operationen in inneren Klammern stets Vorrang vor denen in den äußeren Klammern.

Beispiel:

$[(12 - 2) \cdot 4 + 3] \cdot 2 = 86$ $\qquad$ $12 - 2 = 10$
$\qquad\qquad\qquad\qquad\qquad\qquad 10 \cdot 4 = 40$
$\qquad\qquad\qquad\qquad\qquad\qquad 40 + 3 = 43$
$\qquad\qquad\qquad\qquad\qquad\qquad 43 \cdot 2 = 86$

RECHNEN MIT POSITIVEN UND NEGATIVEN ZAHLEN

Addition

Bei der Addition von Zahlen mit gleichem Vorzeichen werden ihre Beträge addiert. Die Summe erhält das gemeinsame Vorzeichen:

$(+a) + (+b) = a + b$ **Beispiel:** $(+2) + (+3) = 2 + 3 = 5$

$(-a) + (-b) = -a - b$ **Beispiel:** $(-2) + (-3) = -2 - 3 = -5$

Bei der Addition von Zahlen mit unterschiedlichen Vorzeichen wird die Differenz der Beträge errechnet. Das Ergebnis erhält das Vorzeichen der Zahl mit dem größeren Betrag:

$(+a) + (-b) = a - b$ **Beispiel:** $(+2) + (-3) = 2 - 3 = -1$
Beispiel: $(+3) + (-2) = 3 - 2 = 1$

$(-a) + (+b) = -a + b$ **Beispiel:** $(-2) + (+3) = -2 + 3 = 1$
Beispiel: $(-3) + (+2) = -3 + 2 = -1$

Subtraktion

Gleiches Vorzeichen:

$(+a) - (+b) = a - b$ **Beispiel:** $(+3) - (+2) = 3 - 2 = 1$

$(-a) - (-b) = -a + b$ **Beispiel:** $(-3) - (-2) = -3 + 2 = -1$

Unterschiedliche Vorzeichen:

$(+a) - (-b) = a + b$ **Beispiel:** $(+3) - (-2) = 3 + 2 = 5$

$(-a) - (+b) = -a - b$ **Beispiel:** $(-3) - (+2) = -3 - 2 = -5$

Multiplikation

Bei der Multiplikation von Zahlen mit gleichem Vorzeichen werden die Beträge multipliziert. Das Produkt erhält immer ein positives Vorzeichen.

$(+a) \cdot (+b) = + (a \cdot b)$ **Beispiel:** $(+3) \cdot (+2) = +6$

$(-a) \cdot (-b) = + (a \cdot b)$ **Beispiel:** $(-3) \cdot (-2) = +6$

Merke: Minus mal Minus ergibt Plus

Bei der Multiplikation von Zahlen mit unterschiedlichen Vorzeichen werden die Beträge multipliziert. Das Produkt erhält immer ein negatives Vorzeichen.

$(+a) \cdot (-b) = -(a \cdot b)$ **Beispiel:** $(+3) \cdot (-2) = -6$

$(-a) \cdot (+b) = -(a \cdot b)$ **Beispiel:** $(-3) \cdot (+2) = -6$

Merke: Plus mal Minus ergibt Minus

Division

Gleiches Vorzeichen:

$(+a) : (+b) = +(a : b)$ **Beispiel:** $(+6) : (+2) = + 3$

$(-a) : (-b) = +(a : b)$ **Beispiel:** $(-6) : (-2) = + 3$

Unterschiedliche Vorzeichen:

$(+a) : (-b) = -(a : b)$ **Beispiel:** $(+6) : (-2) = -3$

$(-a) : (+b) = -(a : b)$ **Beispiel:** $(-6) : (+2) = -3$

Der absolute Betrag

$|a| = |a|$ für $a \in \mathbb{R}$

$|a| = a$ für $a \geq 0$ $|a| = -a$ für $a \leq 0$

Termumformungen

RECHENGESETZE

Kommutativgesetz (Vertauschungsgesetz)

Addition

$a + b = b + a$ *Beispiel:* $2 + 3 = 3 + 2$

Multiplikation

$a \cdot b = b \cdot a$ *Beispiel:* $2 \cdot 3 = 3 \cdot 2$

Assoziativgesetz (Verbindungsgesetz)

Addition

$a + (b + c) = (a + b) + c$ *Beispiel:* $2 + (3 + 5) = (2 + 3) + 5$

Multiplikation

$a \cdot (b \cdot c) = (a \cdot b) \cdot c$ *Beispiel:* $2 \cdot (3 \cdot 5) = (2 \cdot 3) \cdot 5$

Distributivgesetz (Verteilungsgesetz)

$a \cdot (b + c) = a \cdot b + a \cdot c$ *Beispiel:* $2 \cdot (3 + 5) = 2 \cdot 3 + 2 \cdot 5$

$a \cdot (b - c) = a \cdot b - a \cdot c$ *Beispiel:* $2 \cdot (5 - 3) = 2 \cdot 5 - 2 \cdot 3$

$(a + b) : c = a : c + b : c \mid c \neq 0$ *Beispiel:* $(5 + 4) : 3 = 5 : 3 + 4 : 3$

$(a - b) : c = a : c - b : c \mid c \neq 0$ *Beispiel:* $(5 - 4) : 3 = 5 : 3 - 4 : 3$

BINOMISCHE FORMELN

1. Binomische Formel

$(a + b)^2 = a^2 + 2ab + b^2$

Beispiel: $(x + 3)^2 = x^2 + 2 \cdot x \cdot 3 + 3^2$

2. Binomische Formel

$(a - b)^2 = a^2 - 2ab + b^2$

Beispiel: $(x - 4)^2 = x^2 - 2 \cdot x \cdot 4 + 4^2$

3. Binomische Formel

$(a + b) \cdot (a - b) = a^2 - b^2$

Beispiel: $(4 + x) \cdot (4 - x) = 4^2 - x^2$

DER BINOMISCHE SATZ (VERALLGEMEINERUNG)

$a, b \in \mathbb{R} \quad n, k \in \mathbb{N}$

$$(a + b)^n = \sum_{k=0}^{n} \binom{n}{k} a^{n-k} \cdot b^k$$

AUFLÖSEN VON KLAMMERN

Positives Vorzeichen

$+ (a + b - c) = a + b - c$

Negatives Vorzeichen

$-(a + b - c) = -a - b + c$

Ein negatives Vorzeichen vor der Klammer verändert die Vorzeichen innerhalb der Klammer.

Ausmultiplizieren von Klammern

Der Wert vor der Klammer wird mit jedem Wert in der Klammer multipliziert:

$a (b + c - d) = ab + ac - ad$

Ausklammern

Das funktioniert auch umgekehrt:

$ab + ac - ad = a (b + c - d)$

Multiplizieren von Klammern

Bei der Multiplikation zweier Klammern wird jeder Wert der ersten Klammer mit jedem Wert der zweiten Klammer multipliziert:

$(a + b) \cdot (c + d)$

$(a + b) \cdot (c + d) = ac + ad + bc + bd$

Rechnen mit Brüchen

DEFINITIONEN

für $a, b, c, d \in \mathbb{Z}$; Nenner $\neq 0$

→ $\dfrac{a}{b}$ heißt **Bruch**, a heißt **Zähler**, b heißt **Nenner** des Bruchs

→ $\dfrac{b}{a}$ ist der **Kehrwert** von $\dfrac{a}{b}$

→ $\dfrac{a}{b} \cdot \dfrac{b}{a} = 1$

Brüche der Art $c\,\dfrac{a}{b} = c + \dfrac{a}{b}$ heißen **gemischte Brüche**.

→ Ein **echter Bruch** ist ein Bruch, bei dem der Betrag des Zählers kleiner als der Betrag des Nenners ist.

Beispiel: $\dfrac{2}{3}$

→ Ein **unechter Bruch** ist ein Bruch, bei dem der Betrag des Zählers größer als der Betrag des Nenners ist.

Beispiel: $\dfrac{3}{2}$

→ Jeder Bruch kann auch als Division geschrieben werden.

$\dfrac{a}{b} = a : b$

ERWEITERN

Brüche werden erweitert, indem Zähler und Nenner mit der gleichen Zahl multipliziert werden.

$$\frac{a}{b} = \frac{a \cdot c}{b \cdot c} \quad \text{mit } c \neq 0$$

KÜRZEN

Brüche werden gekürzt, indem Zähler und Nenner durch die gleiche Zahl dividiert werden.

$$\frac{a}{b} = \frac{a : c}{b : c} \quad \text{mit } c \neq 0,\ c \neq \frac{c}{a} \text{ und } c \neq \frac{c}{b}$$

MULTIPLIKATION

Zwei Brüche werden multipliziert, indem Zähler mit Zähler und Nenner mit Nenner multipliziert werden. Anschließend kann gekürzt werden, wenn nötig.

$$\frac{a}{b} \cdot \frac{c}{d} = \frac{a \cdot c}{b \cdot d}$$

DIVISION

Zwei Brüche werden dividiert, indem der erste Bruch mit dem Kehrwert des zweiten Bruches multipliziert wird.

$$\frac{a}{b} : \frac{c}{d} = \frac{a}{b} \cdot \frac{d}{c} = \frac{a \cdot d}{b \cdot c}$$

ADDITION UND SUBTRAKTION

Gleichnamige Brüche

Zwei Brüche heißen gleichnamig, wenn sie den gleichen Nenner haben. Zwei gleichnamige Brüche werden addiert bzw. subtrahiert, indem die Zähler addiert bzw. subtrahiert werden. Der Nenner bleibt gleich.

$$\frac{a}{b} \pm \frac{c}{b} = \frac{a \pm c}{b}$$

Ungleichnamige Brüche

Zwei ungleichnamige Brüche, d. h. Brüche mit verschiedenen Nennern, werden addiert bzw. subtrahiert, indem sie auf den gleichen Nenner gebracht werden.

Der gemeinsame Nenner wird erreicht, indem der erste Bruch mit dem Nenner des zweiten Bruches erweitert wird und der zweite Bruch mit dem Nenner des ersten Bruches erweitert wird. Anschließend werden die Zähler addiert bzw. subtrahiert.

$$\frac{a}{b} \pm \frac{c}{d} = \frac{a}{b} \cdot \frac{d}{d} \pm \frac{c}{d} \cdot \frac{b}{b} = \frac{ad}{bd} \pm \frac{cb}{bd} = \frac{ad \pm cd}{bd}$$

Merke:

(1) $\frac{a}{b}$ mit d erweitern

(2) $\frac{c}{d}$ mit b erweitern

(3) Zähler der gleichnamigen Brüche addieren bzw. subtrahieren

Rechnen mit Potenzen

DEFINITION

Für $a \in \mathbb{R}\backslash\{0\}$, $n \in \mathbb{N}$; Nenner $\neq 0$

$$a^n = \underbrace{a \cdot a \cdot a \ldots \cdot a}_{n\text{-mal}} \qquad a = \text{Basis} \\ n = \text{Exponent}$$

(gelesen: a hoch n
$\quad\quad\quad$ n-te Potenz von a)

$$a^0 = 1 \qquad a^1 = a \qquad a^n = \frac{1}{a^{-n}} \qquad a^{-n} = \frac{1}{a^n} \qquad \left(\frac{a}{b}\right)^{-n} = \left(\frac{b}{a}\right)^n \qquad a^{\frac{p}{q}} = \sqrt[q]{a^p}$$

$a \in \mathbb{R} \quad a > 0 \quad p \in \mathbb{Z} \quad q \in \mathbb{N}^*$

für $m, n \in \mathbb{R}$ bei positiven reellen Basen und $m, n \in \mathbb{Z}$ bei Basen aus $\mathbb{R}\backslash\{0\}$

GLEICHE BASIS

Zwei Potenzen mit gleicher Basis werden multipliziert, indem die Exponenten addiert werden.

$a^n \cdot a^m = a^{n+m}$

Zwei Potenzen mit gleicher Basis werden dividiert, indem die Exponenten subtrahiert werden.

$a^n : a^m = a^{n-m}$

GLEICHER EXPONENT

Zwei Potenzen mit gleichen Exponenten werden multipliziert, indem die Basen multipliziert werden. Der Exponent bleibt gleich.

$a^n \cdot b^n = (a \cdot b)^n$

Zwei Potenzen mit gleichen Exponenten werden dividiert, indem die Basen dividiert werden und der Exponent beibehalten wird.

$$\frac{a^n}{b^n} = \left(\frac{a}{b}\right)^n$$

POTENZIEREN

Potenzen werden potenziert, in dem die Exponenten multipliziert werden.

$(a^n)^m = a^{n \cdot m} = (a^m)^n$

Rechnen mit Wurzeln

DEFINITION

Für $a \in \mathbb{R}$ *und* $a \geq 0$; $\ n \in \mathbb{N}^* \backslash \{1\}$, Nenner $\neq 0$, $\ b \geq 0$

$$\sqrt[n]{a} = b \quad \Rightarrow \quad b^n = a \qquad \begin{aligned} a &= \text{Radikand} \\ n &= \text{Wurzelexponent} \end{aligned}$$

(gelesen: n-te Wurzel von a)

$\sqrt[2]{a} = \sqrt{a}$ Quadratwurzel $\qquad\qquad \sqrt[3]{a}$ Kubikwurzel

WURZELGESETZE

Multiplizieren

$$\sqrt[n]{a} \ \sqrt[n]{b} = \sqrt[n]{a \ b} \qquad \sqrt[n]{a} \ \sqrt[m]{a} = \sqrt[n\,m]{a^{n+m}}$$

Dividieren

$$\frac{\sqrt[n]{a}}{\sqrt[n]{b}} = \sqrt[n]{\frac{a}{b}} \qquad\qquad \frac{\sqrt[n]{a}}{\sqrt[m]{a}} = \sqrt[n\,m]{a^{m-n}}$$

Potenzieren

$$\sqrt[n]{a^m} = \left(\sqrt[n]{a}\right)^m$$

Radizieren

$$\sqrt[n]{\sqrt[m]{a}} = \sqrt[n\,m]{a} = \sqrt[m]{\sqrt[n]{a}}$$

Für alle $n \in \mathbb{N}$, $n \geq 2$ und $a \in \mathbb{R}$, $a > 0$:

$\sqrt[n]{a} = a^{\frac{1}{n}}$	$\sqrt[n]{a^m} = a^{\frac{m}{n}}$	$\dfrac{1}{\sqrt[n]{a}} = a^{-\frac{1}{n}}$	$\dfrac{1}{\sqrt[n]{a^m}} = a^{-\frac{m}{n}}$

Rechnen mit Logarithmen

DEFINITION

$a \in \mathbb{R}\backslash\{1\}$, $a > 0$, $b \in \mathbb{R}$, $b > 0$, Nenner $\neq 0$

$$\log_a b = c \leftrightarrow a^c = b$$

a = Basis
b = Numerus

(gelesen: Logarithmus von b zur Basis a)

Durch Logarithmieren wird die Größe des Exponenten bestimmt.

SPEZIELLE BASEN

Dekadischer Logarithmus/Zehnerlogarithmus: $\log_{10} x = \lg x$

Natürlicher Logarithmus: $\log_e x = \ln x$

Wechsel zwischen beiden: $\ln x = \dfrac{\lg x}{\lg e}$

LOGARITHMENGESETZE

$\log_a(u \cdot v) = \log_a u + \log_a v$ $\qquad$ $u, v \in \mathbb{R}$

$\log_a \dfrac{u}{v} = \log_a u - \log_a v$ $\qquad$ $u, v > 0$

$\log_a u^r = r \cdot \log_a u$ $\qquad$ $u \in \mathbb{R}$

$\log_a \sqrt[n]{u} = \dfrac{1}{n} \log_a u$ $\qquad$ $n \in \mathbb{N}^*$

BASISWECHSEL

$\log_a b \cdot \log_b a = 1$

$\log_a b = \log_a c \cdot \log_c b$

Mittelwertberechnung

ARITHMETISCHES MITTEL

Das arithmetische Mittel A zweier Größen a_1, a_2 erhält man, indem man die Größen addiert und durch 2 teilt.

$$A = \frac{a_1 + a_2}{2}$$

Das arithmetische Mittel A von n verschiedenen Größen $a_1, a_2 \ldots \ldots a_n$ erhält man, indem man alle Größen addiert und durch ihre Anzahl n teilt:

$$A = \frac{a_1 + a_2 + \ldots + a_n}{n}$$

GEOMETRISCHES MITTEL

Das geometrische Mittel G zweier Größen a_1, a_2 erhält man, indem man die Wurzel aus dem Produkt der beiden Größen zieht:

$$G = \sqrt{a_1 \ a_2}$$

Das geometrische Mittel G einer Anzahl n verschiedener Größen erhält man, indem man alle Größen multipliziert und daraus die n-te Wurzel zieht:

$$G = \sqrt[n]{a_1 \ a_2 \ \ldots \ a_n}$$

Dreisatz

DEFINITION

Der Dreisatz ist ein Verfahren, in dem mit drei bekannten Größen eine vierte, unbekannte Größe ermittelt werden kann.

DIREKTE PROPORTIONALITÄT

Je mehr, desto mehr

Gleichung: $\dfrac{a}{b} = \dfrac{c}{d} \Leftrightarrow a \cdot d = b \cdot c$

Beispiel:
500 g Zucker (a) kosten 1,50 € (c).
Wie viel kosten dann 860 g (b) Zucker?

Größen ins Verhältnis setzen:

$$\frac{500\,g}{860\,g} = \frac{1,50\,€}{x} \qquad x = \frac{1,50\,€ \cdot 860\,g}{500\,g} = 2,58\,€$$

Überprüfung:

500 g → 1,50 €

1 g → $\dfrac{1,50\,€}{500\,g} = 0,003\,€$

860 g → 0,003 € · 860 = 2,58 €

UMGEKEHRTE PROPORTIONALITÄT

Je mehr, desto weniger

Gleichung: $\dfrac{a}{b} = \dfrac{d}{c} \Leftrightarrow a \cdot c = b \cdot d$

Beispiel:

5 Pferde (a) kommen mit einer bestimmten Futtermenge 16 Tage (c) aus. Wie lange würde das Futter für 8 Pferde (b) reichen?

Größen ins Verhältnis setzen:

$\dfrac{5}{8} = \dfrac{x}{16}$ $\qquad x = \dfrac{16 \cdot 5}{8} = 10\,\text{Tage}$

Überprüfung:

5 Pferde	$\rightarrow$	16 Tage
1 Pferd	$\rightarrow$	16 Tage $\cdot$ 5 = 80 Tage
8 Pferde	$\rightarrow$	$\dfrac{80\,\text{Tage}}{8}$ = 10 Tage

Prozentrechnung

$G = $ Grundwert
$W = $ Prozentwert
$p\,\% = $ Prozentsatz $= \dfrac{p}{100}$

Grundgleichung:

$$\frac{W}{p} = \frac{G}{100}$$

Einige ausgewählte Prozentsätze und der entsprechende Anteil am Grundwert:

1 %	$\dfrac{1}{100}$
2 %	$\dfrac{1}{50}$
4 %	$\dfrac{1}{25}$
5 %	$\dfrac{1}{20}$
12,5 %	$\dfrac{1}{8}$
20 %	$\dfrac{1}{5}$
25 %	$\dfrac{1}{4}$
50 %	$\dfrac{1}{2}$
75 %	$\dfrac{3}{4}$

Zinsrechnung

K = Kapital
Z = Zinsen
p % = Zinssatz des Kapitals
q = Zinsfaktor
t = Anzahl der Tage
m = Anzahl der Monate
n = Anzahl der Jahre

Berechnung von Jahreszinsen:

$$Z = \frac{K \cdot p}{100} \qquad Z_n = \frac{K \cdot p \cdot n}{100}$$

Berechnung von Monatszinsen:

$$Z_m = \frac{K \cdot p \cdot m}{100 \cdot 12}$$

Berechnung von Tageszinsen:

$$Z_t = \frac{K \cdot p \cdot t}{100 \cdot 360}$$

Berechnung der Rendite:

$$p = \frac{Z \cdot 100}{K}$$

Berechnung von Zinseszinsen:

$$K_n = K_0 \cdot q^n = K_0 \cdot \left(\frac{100 + p}{100}\right)^n$$

$$q = \left(\frac{100 + p}{100}\right)$$

$$n = \frac{\lg K_n - \lg K_0}{\lg q}$$

Mengenlehre

MENGENBEZIEHUNGEN

Mengengleichheit

Zwei Mengen A und B sind gleich, wenn sie aus denselben Elementen bestehen.
Das heißt:
Jedes Element der Menge A ist auch Element der Menge B.

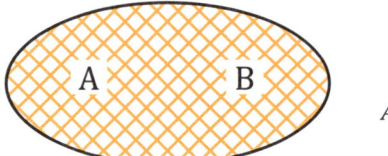

$$A = B$$

Teilmenge

Eine Menge A ist eine echte Teilmenge von einer Menge B, wenn jedes Element von A auch Element von B ist und mindestens 1 Element von B nicht zu A gehört.

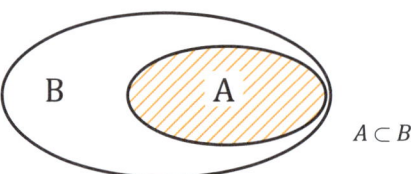

$$A \subset B$$

Schnittmenge

Die Schnittmenge ist die Menge aller Elemente, die gleichzeitig zu Menge A und zu Menge B gehören.

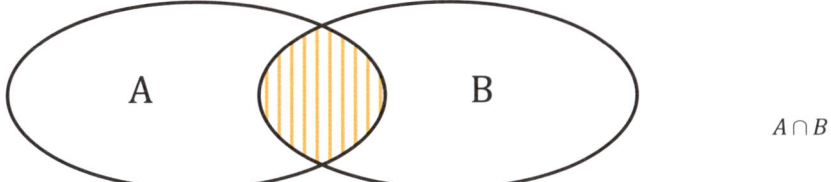

$A \cap B$

Vereinigungsmenge

Die Vereinigungsmenge ist die Menge aller Elemente, die zu Menge A oder zu Menge B oder zu beiden Mengen gehören.

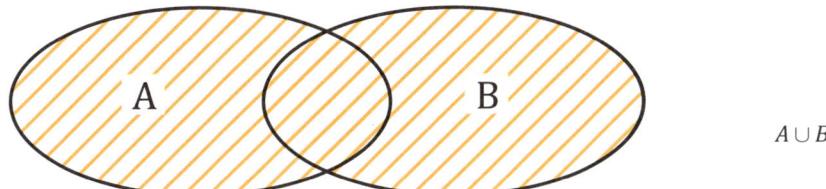

$A \cup B$

Differenzmenge

Die Differenzmenge ist die Menge aller Elemente, die zu Menge A, aber nicht zu Menge B gehören.

$A \setminus B$

INTERVALLE

Abgeschlossenes Intervall

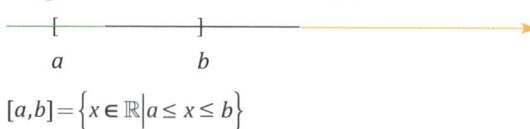

$$[a,b] = \left\{ x \in \mathbb{R} \middle| a \leq x \leq b \right\}$$

Offenes Intervall

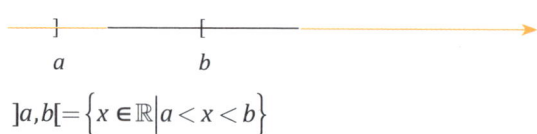

$$]a,b[= \left\{ x \in \mathbb{R} \middle| a < x < b \right\}$$

Rechtsoffenes Intervall

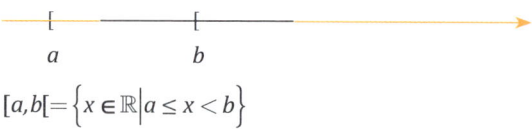

$$[a,b[= \left\{ x \in \mathbb{R} \middle| a \leq x < b \right\}$$

Linksoffenes Intervall

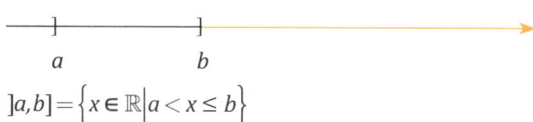

$$]a,b] = \left\{ x \in \mathbb{R} \middle| a < x \leq b \right\}$$

Zahlbereiche

	Zahlbereiche	Erläuterung
Natürliche Zahlen $\mathbb{N}$		
$\mathbb{N}$	$\{0, 1, 2, 3, 4, 5 \dots \dots\}$	
$\mathbb{N}^*$	$\{1, 2, 3, 4, 5 \dots \dots\}$	ohne Null
Ganze Zahlen $\mathbb{Z}$		
$\mathbb{Z}$	$\{\dots, -2, -1, 0, 1, 2, 3 \dots \dots\}$	
$\mathbb{Z}^*$	$\{\dots, -2, -1, 1, 2, 3 \dots \dots\}$	ohne Null
$\mathbb{Z}_+$	$\{0, 1, 2, 3 \dots \dots\}$	nicht negativ
$\mathbb{Z}_-$	$\{\dots -3, -2, -1, 0\}$	nicht positiv
Rationale Zahlen $\mathbb{Q}$		
$\mathbb{Q}$	$\left\{\dfrac{p}{q}, p,q \in \mathbb{Z}, q \neq 0\right\}$	
$\mathbb{Q}^*$	$\left\{\dfrac{p}{q}, p,q \in \mathbb{Z} \setminus \{0\}, q \neq 0\right\}$	ohne Null
$\mathbb{Q}_+$	$\left\{\dfrac{p}{q}, p,q \in \mathbb{N}, q \neq 0\right\}$	nicht negativ
$\mathbb{Q}_-$	$\left\{\dfrac{p}{q}, \left(p \in \mathbb{Z} \wedge q \in \mathbb{Z}_-\right) \vee \left(p \in \mathbb{Z}_- \wedge q \in \mathbb{Z}\right), q \neq 0\right\}$	nicht positiv
Reelle Zahlen $\mathbb{R}$		
$\mathbb{R}$	Umfasst alle Zahlen aus $\mathbb{Q}$ und die irrationalen Zahlen (unendliche nichtperiodische Dezimalbrüche), z. B. Kreiszahl π	

Teiler und Vielfache natürlicher Zahlen

TEILER

a heißt **Teiler** von b,
wenn es ein n ($n \in \mathbb{N}$) gibt, sodass
$a \cdot n = b$

➡ **$gT(a,b)$**
Der **gemeinsame Teiler** $gT(a, b)$ von a und b teilt sowohl a als auch b.

➡ **$ggT(a, b)$**
Der **größte gemeinsame Teiler** von a und b heißt $ggT(a, b)$

VIELFACHE

b heißt **Vielfaches** von a, wenn a ein Teiler von b ist.

➡ **$gV(a, b)$**
$gV(a, b)$ heißt **gemeinsames Vielfaches** von a und b, wenn sowohl a als auch b Teiler von $gV(a, b)$ ist.

➡ **$kgV(a, b)$**
Das **kleinste gemeinsame Vielfache** von a und b heißt $kgV(a, b)$

PRIMFAKTORZERLEGUNG

Die Primfaktorzerlegung ist die eindeutige Zerlegung einer Zahl in ein Produkt aus Primzahlen. Mithilfe der Primfaktorzerlegung lassen sich **größte gemeinsame Teiler (ggT)** und **kleinste gemeinsame Vielfache (kgV)** von natürlichen Zahlen bestimmen.

1. Bestimmung des kleinsten gemeinsamen Vielfachen $kgV(a, b)$

Beispiel:
Bestimme das $kgV(63, 45)$

$63 = 3 \cdot 21 \qquad\qquad 45 = 5 \cdot 9$
$63 = 3 \cdot 3 \cdot 7 \qquad\quad 45 = 5 \cdot 3 \cdot 3$

> Bei der Ermittlung des *kgV* wird jeder Primfaktor so häufig berücksichtigt,
> wie er am häufigsten in beiden Gleichungen vorkommt.

3 kommt in beiden Gleichungen zweimal vor (maximales Vorkommen), sodass der
Primfaktor 3 zweimal berücksichtigt wird. 5 und 7 kommen jeweils nur einmal vor
und können daher jeweils auch nur einmal berücksichtigt werden.

$63 \ = 3 \cdot 3 \cdot 7$
$45 \ = 5 \cdot 3 \cdot 3$
$kgV = \ 3 \cdot 3 \cdot 5 \cdot 7 = 315$

2. Bestimmung des größten gemeinsame Teilers $ggT(a, b)$

Der größte gemeinsame Teiler $ggT(a, b)$ von a und b ist das Produkt der höchsten
Potenzen von Primfaktoren, die a und b gemeinsam sind.

Beispiel:
Bestimme den $ggT(132, 84)$
Beide Zahlen werden nun in Produkte aus Primzahlen zerlegt.
Dazu beginnt man mit der kleinsten Primzahl (hier: 2)

$132 = 2 \cdot 66 \qquad\qquad 84 = 2 \cdot 42$
$132 = 2 \cdot 2 \cdot 33 \qquad\quad 84 = 2 \cdot 2 \cdot 21$
$132 = 2 \cdot 2 \cdot 3 \cdot 11 \qquad 84 = 2 \cdot 2 \cdot 3 \cdot 7$

> Bei der Ermittlung des *ggT* wird jeder Primfaktor so häufig berücksichtigt,
> wie er mindestens in beiden Gleichungen vorkommt:

- 2 kommt im Minimum zweimal vor und wird daher auch zweimal berücksichtigt.
- 3 kommt in beiden Gleichungen einmal vor und wird daher einmal berücksichtigt.
- 7 und 11 kommen jeweils nur in einer Gleichung vor, sodass sie nicht berücksichtigt werden.

$132 = 2 \cdot 2 \cdot 3 \cdot 11$
$\ 84 = 2 \cdot 2 \cdot 3 \cdot 7$
$ggT = 2 \cdot 2 \cdot 3 = 12$

EUKLIDISCHER ALGORITHMUS

Auch der euklidische Algorithmus kann zur Bestimmung von größten gemeinsamen Teilern und kleinsten gemeinsamen Vielfachen herangezogen werden.

1. Bestimmung des $ggT(a, b)$

Beispiel:

Bestimme den $ggT(132, 84)$

$132 : 84 \rightarrow 1 \quad$ Rest 48

$84 : 48 \rightarrow 1 \quad$ Rest 36

$48 : 36 \rightarrow 1 \quad$ Rest 12

$36 : 12 \rightarrow 3 \quad$ Rest 0

$ggT(132, 84) = 12$

2. Bestimmung des $kgV(a, b)$

Allgemeine Form:

$$kgV(a, b) = \frac{a \cdot b}{ggT(a,b)}$$

Beispiel:

$$kgV(63,45) = \frac{63 \cdot 45}{ggT(63,45)}$$

Bestimmung $ggT(63,45)$:

$63 : 45 \rightarrow 1 \quad$ Rest 18

$45 : 18 \rightarrow 2 \quad$ Rest 9

$18 : \ 9 \rightarrow 2 \quad$ Rest 0

$ggT(63,45) = 9$

$$kgV(63,45) = \frac{63 \cdot 45}{9} = 315$$

Teilerfremd:

Zwei Zahlen a, und b gelten als teilerfremd, wenn $ggT(a, b) = 1$ und $kgV(a,b) = a \cdot b$

TEILBARKEITSREGELN

Teiler	Regel mit $n \in \mathbb{N}^*$
$n \in \mathbb{N}^*$	Null ist durch jede Zahl $\in \mathbb{N}^*$ teilbar (nur nicht durch sich selbst)
n	Jede Zahl n ist durch sich selbst teilbar.
1	Jede Zahl n ($n \in \mathbb{N}$) ist durch 1 teilbar.
2	Eine Zahl ist durch 2 teilbar, wenn ihre letzte Ziffer durch 2 teilbar ist.
3	Eine Zahl ist durch 3 teilbar, wenn ihre Quersumme (Summe aller Ziffern) durch 3 teilbar ist.
4	Eine Zahl ist durch 4 teilbar, wenn ihre letzten beiden Ziffern eine durch 4 teilbare Zahl ergeben.
5	Eine Zahl ist durch 5 teilbar, wenn ihr letzte Ziffer durch 5 teilbar ist.
6	Eine Zahl ist durch 6 teilbar, wenn sie durch 2 und durch 3 teilbar ist.
8	Eine Zahl ist durch 8 teilbar, wenn ihre letzten 3 Ziffern eine durch 8 teilbare Zahl ergeben.
9	Eine Zahl ist durch 9 teilbar, wenn ihre Quersumme (Summe aller Ziffern) durch 9 teilbar ist.
10	Eine Zahl ist durch 10 teilbar, wenn ihre letzte Ziffer eine 0 ist.

FAKULTÄT

Fakultät $n!$
gesprochen: n Fakultät
$n \in \mathbb{N}^*$

$$n! = 1 \cdot 2 \cdot 3 \cdot 4 \dots (n-1) \cdot n$$

Besonderheiten:
$0! = 1$
$1! = 1$
$(n+1)! = n! \cdot (n+1)$

n	2	3	4	5	6	7	8
n!	2	6	24	120	720	5040	40320

Gleichungen

Lineare Gleichungen

LINEARE GLEICHUNGEN MIT 1 VARIABLEN

Berechnen von x bzw. Umstellen nach x

Addition

$x + a = b \qquad /-a$

$x = b - a$

Subtraktion

$x - a = b \qquad /+a$

$x = b + a$

$a - x = b \qquad /-a$

$-x = b - a \qquad /\cdot(-1)$

$x = -b + a$

Multiplikation

$a \cdot x = b \quad /:a$

$x = \dfrac{b}{a}$

Division

$a : x = b \qquad /\cdot x$

$a = b \cdot x \qquad /:b$

$\dfrac{a}{b} = x$

$x : a = b \qquad /\cdot a$

$x = b \cdot a$

Mit mehreren Variablen x

Gleichungen mit mehreren Variablen x stellt man um, indem alle Werte mit x auf eine Seite gebracht werden.

$x + a = 2x - b \qquad /-x$

$+a = x - b \qquad /+b$

$a + b = x$

LINEARE GLEICHUNGEN MIT 2 VARIABLEN

Normalform

$a_1 x + b_1 y = c_1$ mit $a_1, a_2, b_1, b_2, \in \mathbb{R}$
$a_2 x + b_2 y = c_2$

Beispiel:
$2x + 4y = 12$
$4x + 5y = 9$

Lösung durch Einsetzungsverfahren

1.	Erste Gleichung nach x umstellen	$x = 6 - 2y$
2.	x in der zweiten Gleichung ersetzen	$4(6 - 2y) + 5y = 9$
3.	y mit der zweiten Gleichung berechnen	$24 - 8y + 5y = 9$ $24 - 3y = 9$ $-3y = -15$ $y = 5$
4.	y in die erste Gleichung einsetzen	$x = 6 - 2 \cdot 5$
5.	x mit der ersten Gleichung berechnen	$x = -4$

Lösung durch Gleichstellungsverfahren

1.	Beide Gleichungen nach x auflösen	$x = 6 - 2y$ $x = \dfrac{9}{4} - \dfrac{5}{4}y$
2.	Gleichungen gleichsetzen	$6 - 2y = \dfrac{9}{4} - \dfrac{5}{4}y$
3.	y berechnen	$\dfrac{24}{4} - \dfrac{8}{4}y = \dfrac{9}{4} - \dfrac{5}{4}y$ $-\dfrac{3}{4}y = -\dfrac{15}{4}$ $y = 5$
4.	y in eine Ausgangsgleichung einsetzen	$x = 6 - 2 \cdot 5$
5.	x berechnen	$x = -4$

Lösung durch Additionsverfahren

1.	Beide Gleichung addieren bzw. subtrahieren, um eine Gleichung mit nur einer Variablen (z. B. x) zu erhalten	$2x + 4y = 12 \; / \cdot 5$ $4x + 5y = 9 \; / \cdot (-4)$ $10x + 20y = 60$ $-16x - 20y = -36$ $\overline{-6x = 24}$
2.	Gleichung nach x auflösen	$x = -4$
3.	x in eine Ausgangsgleichung einsetzen	$-8 + 4y = 12$
4.	y berechnen	$y = 5$

Graphische Lösung

(1) x und y Wertetabelle für beide Gleichungen erstellen
(2) Geraden in ein zweidimensionales Koordinatensystem zeichnen

Fall 1
Die Geraden schneiden sich in einem Punkt mit den Koordinaten (x, y).

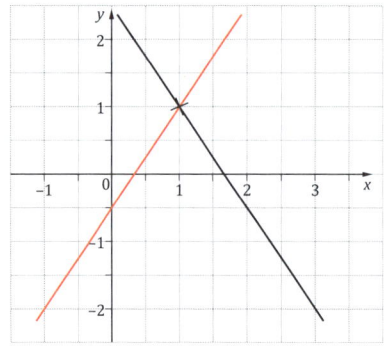

Fall 2
Beide Geraden verlaufen parallel zueinander.

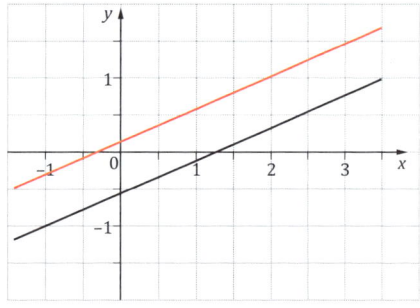

Fall 3
Die Geraden liegen aufeinander.

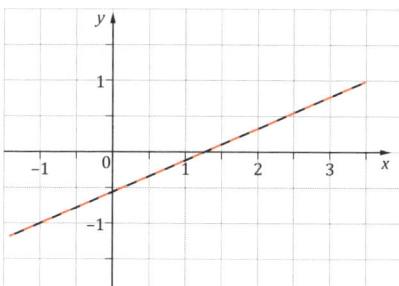

Wertetabelle
Gleichung *a*

x	Y
0	3
2	2
4	1

Wertetabelle
Gleichung *b*

x	Y
1	1
2	$\frac{1}{5}$
3	$-\frac{3}{5}$

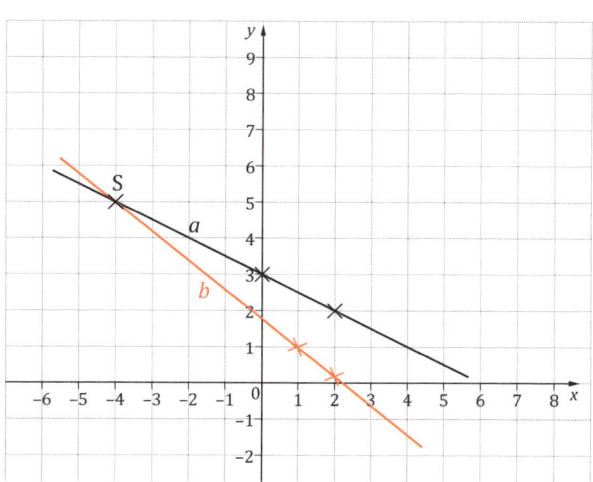

Quadratische Gleichungen

ALLGEMEINE FORM

Gleichung:

$$ax^2 + bx + c = 0$$

Lösungen:

$$x_{1/2} = \frac{-b \pm \sqrt{b^2 - 4ac}}{2a}$$

Diskriminante:

$$D = b^2 - 4ac$$

Lösungsfälle in $\mathbb{R}$:

$D > 0 \Rightarrow L = \{x_1; x_2\}$ (2 Lösungen)
$D = 0 \Rightarrow L = \{x_1\} = \{x_2\}$ (genau 1 Lösung)
$D < 0 \Rightarrow L \varnothing$ (keine Lösung im Bereich $\mathbb{R}$)

mit $a, b, c \in \mathbb{R}$ und $a \neq 0$

NORMALFORM

Gleichung:

$$x^2 + px + q = 0$$

Lösungen:

$$x_{1/2} = -\frac{p}{2} \pm \sqrt{\left(\frac{p}{2}\right)^2 - q}$$

Diskriminante:

$$D = \frac{p^2}{4} - q = \left(\frac{p}{2}\right)^2 - q$$

Lösungsfälle in $\mathbb{R}$:

$D > 0 \Rightarrow L = \{x_1; x_2\}$ (2 Lösungen)
$D = 0 \Rightarrow L = \{x_1\}$ (genau 1 Lösung)
$D < 0 \Rightarrow L = \varnothing$ (keine Lösung im Bereich $\mathbb{R}$)

mit $q, p \in \mathbb{R}$

SATZ VON VIETA

Sind von einer unbekannten quadratischen Gleichung x_1 und x_2 gegeben, so kann mittels des Satzes von Vieta die entsprechende Gleichung ermittelt werden.

Beispiel:
$$x_1 = 5 \quad x_2 = 2$$

Es gilt für die Allgemeine Form:

$$x_1 + x_2 = -\frac{b}{a} \qquad 5 + 2 = -\frac{b}{a}$$

$$x_1 \cdot x_2 = \frac{c}{a} \qquad 5 \cdot 2 = \frac{c}{a}$$

Jeweils nach b und c umstellen und in

$ax^2 + bx + c = 0$ einsetzen.

$b = -7a$

$c = 10a$

$ax^2 - 7ax + 10a = 0$

Es gilt für die Normalform:

$$x_1 + x_2 = -p \qquad 5 + 2 = -p$$
$$x_1 \cdot x_2 = q \qquad 5 \cdot 2 = q$$

p und q ermitteln und in $x^2 + px + q = 0$ einsetzen.
$x^2 - 7x + 10 = 0$

EXPONENTIALGLEICHUNG

$a^x = b$ $\qquad$ mit $a,b \in \mathbb{R}; a > 0; a \neq 1; b > 0$

Lösungen

$x = \dfrac{\lg b}{\lg a}$ oder

$x = \dfrac{\ln b}{\ln a}$ oder

$x = \dfrac{\log_c b}{\log_c a}$ mit $c > 0, c \neq 1$

Zuordnungen

Bei einer Zuordnung wird jedem Wert x aus einer Menge genau ein Wert y aus einer anderen Menge zugeordnet.

ARTEN DER DARSTELLUNG

1. Wertetabelle

x	1	2	3	4
y	2	4	6	8

2. Funktionsgleichung

$x \rightarrow y$ mit $y = 2x$ $x \in \mathbb{Q}$
An Stelle von $y = 2x$ schreibt man auch $f(x) = 2x$,
gelesen Funktion von x

3. Koordinatensystem

(siehe Wertetabelle unter 1)

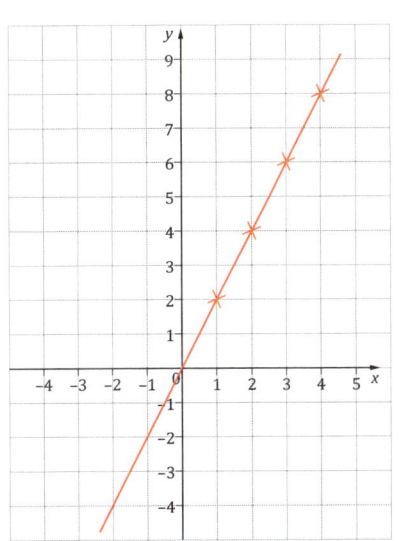

Funktionen

Kartesisches Koordinatensystem

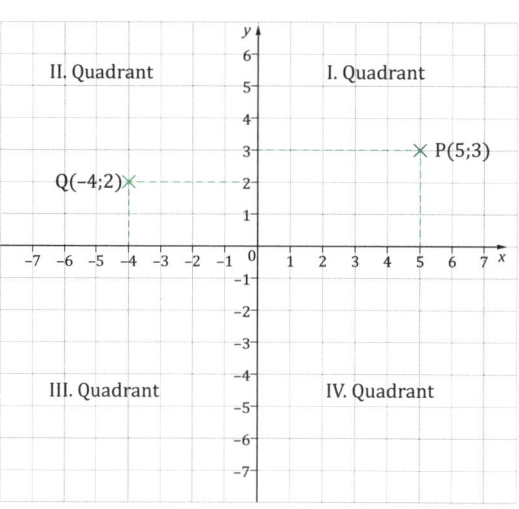

Lineare Funktion

Lineare Funktion = Geradengleichung

Allgemeine Form

$f(x) = mx + b$

↳ y-Achsenabschnitt
→ Steigung

Steigung der Geraden

Die Steigung m einer Geraden besagt, mit welcher Steilheit und in welchen Quadranten im Koordinatensystem die Gerade verläuft.

Formel: $m = \dfrac{y_2 - y_1}{x_2 - x_1} = \dfrac{\Delta y}{\Delta x}$ (mit $x_2 \neq x_1$)

mit beliebigen Punkten $A\,(x_1, y_1)$ und $B\,(x_2, y_2)$

Steigungsdreieck

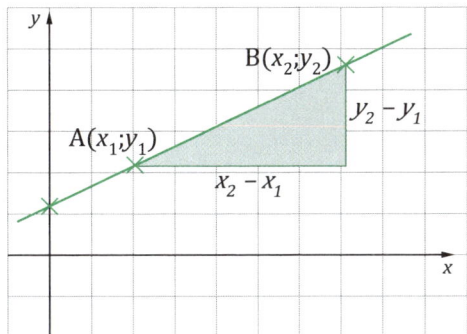

Für $m > 0$ gilt:
Die Gerade ist monoton steigend.

Für $m < 0$ gilt:
Die Gerade ist monoton fallend.

Beispiel:

$f(x) = 2x - 1$

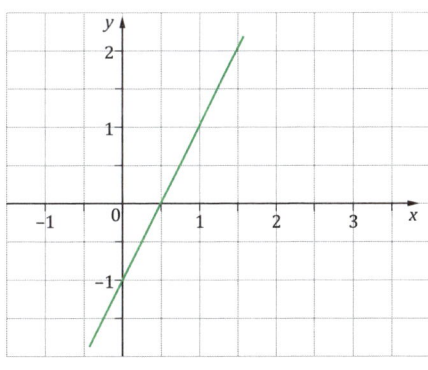

Beispiel:

$x) = -\dfrac{4}{3}x + 4$

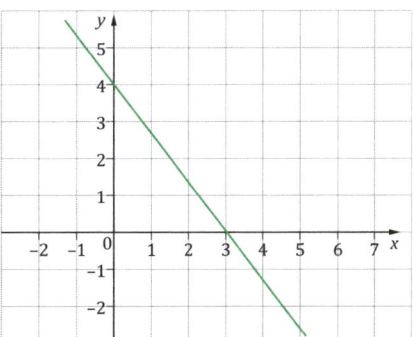

Schnittpunkt der Geraden mit der y-Achse:

Der Wert b als y-Achsenabschnitt zeigt an, an welchem Punkt die Gerade die y-Achse schneidet.

Beispiel:

$f(x) = x - 1$ Es gilt $x = 0$

$\Rightarrow y = -1$

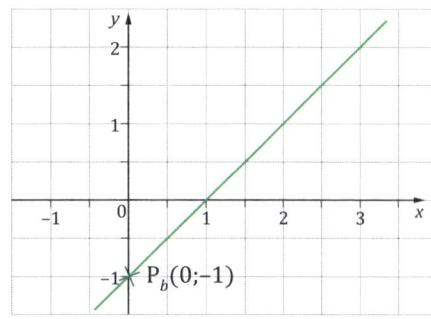

Schnittpunkt der Geraden mit der x-Achse:

Beispiel:

$f(x) = x - 1$ Es gilt $y = 0$

$\Rightarrow 0 = x - 1$

$\Rightarrow x = 1$

Allgemeine Form:

$$x_0 = -\frac{b}{m}$$

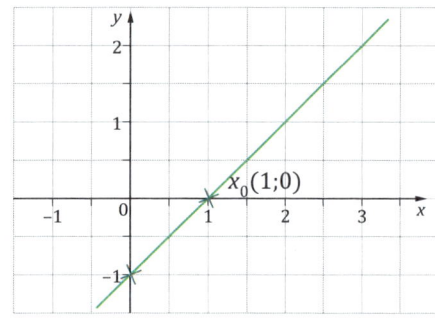

Bestimmung der Funktionsgleichung aus einem gegebenen Punkt und Steigung m

Gegeben: $P_1(3; 2)$ $m = -0{,}5$

Gesucht: Geradengleichung aus Punkt P und Steigung m

Formel: allgemeine Geradengleichung $f(x) = mx + b$

Rechnung: Einsetzen der gegebenen Größen in die allgemeine Geradengleichung

$\Rightarrow 2 = -0{,}5 \cdot 3 + b$

Berechnung der fehlenden Größe b $\Rightarrow b = 2 - (-0{,}5 \cdot 3)$

$\Rightarrow b = 3{,}5$

Lösung: Die Geradengleichung lautet $f(x) = -0{,}5x + 3{,}5$

Bestimmung der Funktionsgleichung aus zwei gegebenen Punkten

Gegeben: $P_1(1; 3)$ $P_2(4; 6)$
Gesucht: Geradengleichung aus den Punkten P_1 und P_2
Formel: allgemeine Geradengleichung $f(x) = mx + b$

Berechnung von m $m = \dfrac{y_2 - y_1}{x_2 - x_1}$

Rechnung:
Einsetzen der Punkte zur Berechnung von m

$m = \dfrac{6-3}{4-1} = 1$

Einsetzen von m und einem beliebigen Punkt in die allgemeine Geradengleichung
$\Rightarrow 6 = 1 \cdot 4 + b$ $\Rightarrow b = 2$

Lösung:
Die Geradengleichung lautet $f(x) = 1x + 2 = x + 2$

Überprüfung:
Einsetzen von P_1 $\Rightarrow 3 = 1 + 2$
Geradengleichungen gleich setzen: $-x + 2 = x + 1$
Nach x umstellen: $\Rightarrow x = 0{,}5$
y berechnen: $\Rightarrow y = 1{,}5$

Berechnung eines Schnittpunkts zweier Geraden

Gegeben: $f_1(x) = -x + 2$ und $f_2(x) = x + 1$
Gesucht: Schnittpunkt $S(x_s; y_s)$

Rechnung:
Geradengleichungen gleich setzen:
$-x + 2 = x + 1$
Nach x umstellen: $\Rightarrow x = 0{,}5$
y berechnen: $\Rightarrow y = 1{,}5$

Lösung:
Schnittpunkt der Geraden: $S(0{,}5; 1{,}5)$

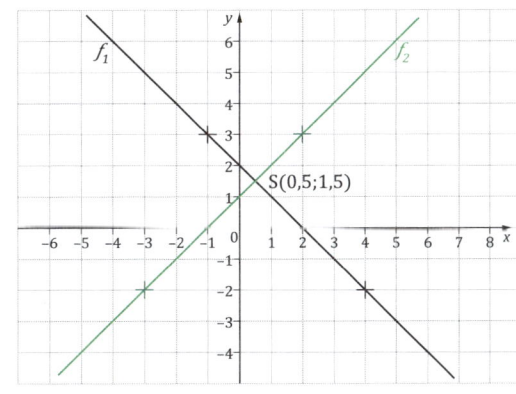

Konstante Funktion

Funktionsgleichung: $f(x) = n$ mit n = konstant
Die Funktion verläuft parallel zur x-Achse.

Beispiel:
$f(x) = 2$
$\Rightarrow m = 0$
$\Rightarrow b = 2$

Es existiert kein Schnittpunkt mit der x-Achse.

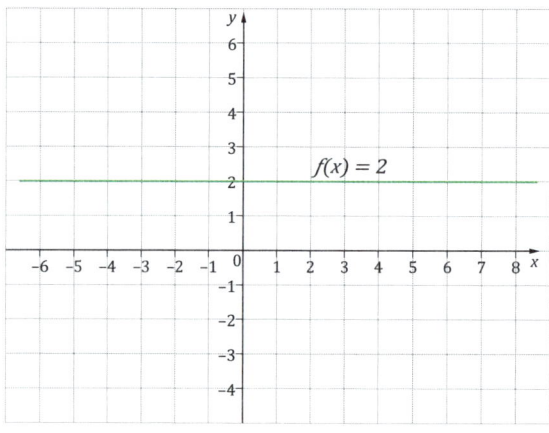

Quadratische Funktion

Allgemeine Form

$f(x) = ax^2 + bx + c$

mit $a,b,c \in \mathbb{R}$ und $a \neq 0$

$f(x) = x^2$ **(Normalparabel)**

Scheitelpunkt: $S(0;0)$
Symmetrieachse: y-Achse
Nullstelle (Schnittpunkt mit der x-Achse):
nicht vorhanden

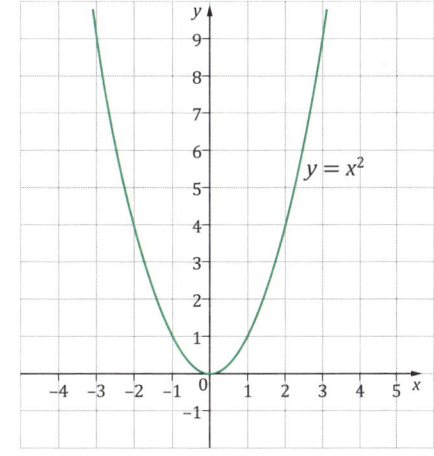

$f(x) = a \cdot x^2$

Scheitelpunkt: $S(0;0)$
Keine Nullstellen

$a > 0$	Parabel ist nach oben geöffnet
$a > 1$	Streckung der Parabel in Richtung y-Achse
$0 < a < 1$	Stauchung der Parabel in Richtung der y-Achse
$a < 0$	Parabel ist nach unten geöffnet (Spiegelung an der x-Achse)
$a < -1$	Streckung
$-1 < a < 0$	Stauchung

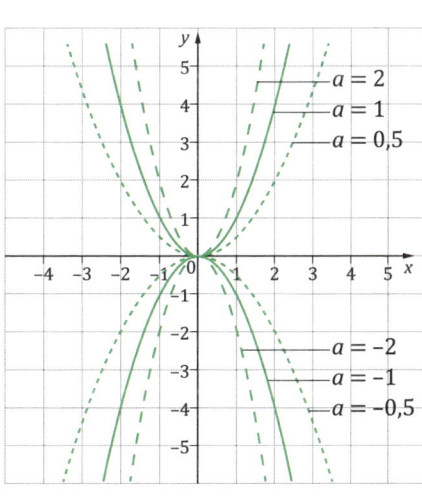

$f(x) = x^2 + c$

Scheitelpunkt: $S(0;c)$

$c > 0$ Parabel auf der y-Achse
                   nach oben verschoben
$c = 0$ Normalparabel
$c < 0$ Parabel auf der y-Achse
                   nach unten verschoben
                   (2 Nullstellen)

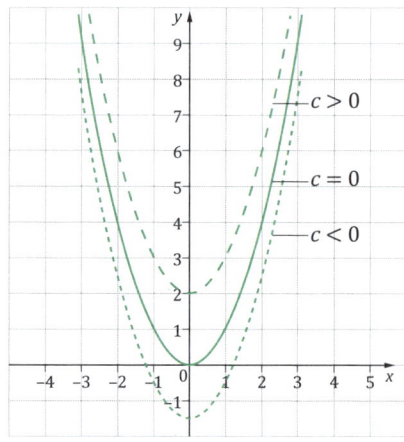

$f(x) = x^2 + px + q$ **(Normalform)**

Scheitelpunkt: $S\left(-\dfrac{p}{2};-\dfrac{p^2}{4}+q\right)$

Nullstellen: $x_{1/2} = -\dfrac{p}{2} \pm \sqrt{\left(\dfrac{p}{2}\right)^2 - q}$

Diskriminante: $D = \left(\dfrac{p}{2}\right)^2 - q$

$D > 0$ 2 Nullstellen
$D = 0$ eine Nullstelle
$D < 0$ keine Nullstelle

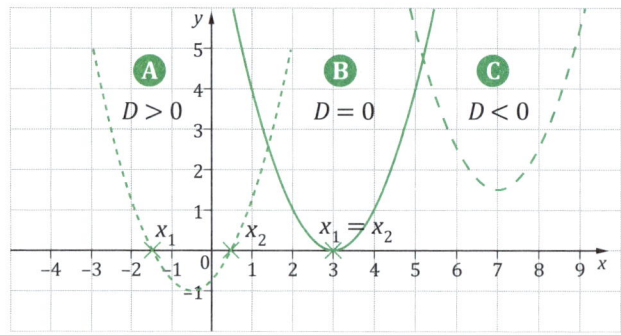

Schnittpunkt zwischen Parabel und Gerade

Gegeben: Parabel $f(x) = x^2 + x - 0{,}75$
           Gerade $f(x) = -0{,}5x + 1{,}75$

Gesucht: Schnittpunkt(e) der beiden Kurven

Rechnung:

(1) Gleichsetzen der beiden Gleichungen
    $x^2 + x - 0{,}75 = -0{,}5x + 1{,}75$

(2) Gleiche Variablengrößen zusammenfassen
    $x^2 + 1{,}5x - 2{,}5 = 0$

(3) Bestimmung von x über die pq-Formel

$$x_{1/2} = -\frac{p}{2} \pm \sqrt{\left(\frac{p}{2}\right)^2 - q}$$

$p = 1{,}5 \quad q = -2{,}5$
$x_1 = -2{,}5 \qquad\qquad x_2 = 1$

(4) Einsetzen von x_1 und x_2 in eine der beiden Gleichungen und Berechnung von y
    $y_1 = 3 \qquad\qquad y_2 = 1{,}25$

Lösung:
Die beiden Kurven schneiden sich bei $S_1(-2{,}5; 3)$ und $S_2 = (1; 1{,}25)$

Umgekehrt proportionale Funktion

Hyperbel

$$f(x) = \frac{1}{x} \quad x \neq 0$$

Beispiel:

$$f(x) = \frac{1}{2}$$

Definition Hyperbel
Eine Hyperbel ist eine Kurve, die beide Achsen des Koordinatensystems weder berührt noch schneidet, sich aber gegen unendlich den Achsen annähert.

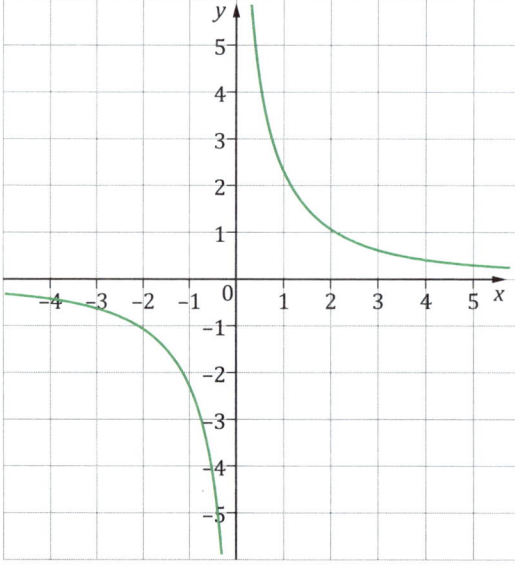

Potenzfunktion

$f(x) = x^n$ mit $n = $ konstant

Parabeln n-ten Grades
$n > 0$ mit $n = $ gerade

Beispiel:

$f(x) = x4$

Gemeinsamkeiten der Graphen:
Punkte: $(1;1)$ $(-1;1)$ $(0;0)$
Nullstelle: $x_0 = 0$
axialsymmetrisch zur y-Achse

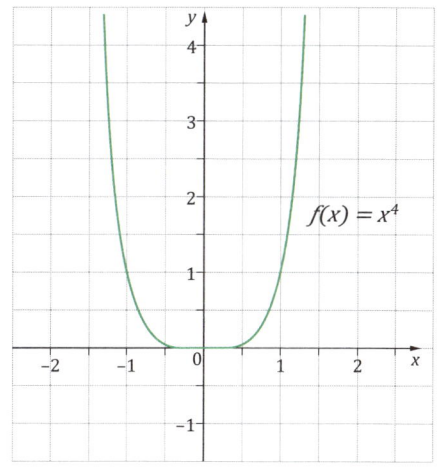

Parabeln n-ten Grades
$n > 0$ mit $n = $ ungerade

Beispiel:

$f(x) = x3$
Gemeinsamkeiten der Graphen:
Punkte: $(1;1)$ $(-1;-1)$ $(0;0)$
Nullstelle: $x_0 = 0$
Punktsymmetrisch zum
Koordinatenursprung

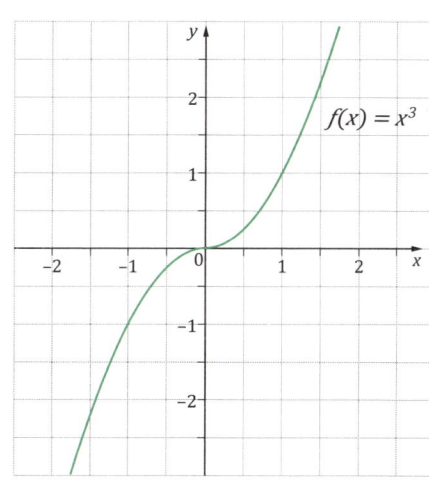

Hyperbeln mit 2 Ästen $n < 0$ mit $n =$ gerade $(x \neq 0)$

Beispiel:

$$f(x) = x-2 = \frac{1}{x^2}$$

Gemeinsamkeiten der Graphen:
1. + 2. Quadrant
Punkte: $(1;1)$ $(-1;1)$
Keine Nullstellen
Axialsymmetrisch zur y-Achse

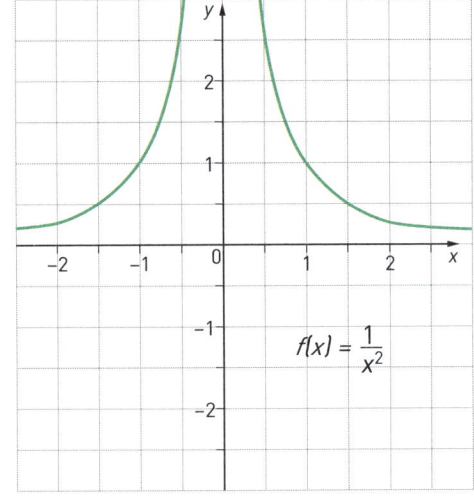

$$f(x) = \frac{1}{x^2}$$

Hyperbeln mit 2 Ästen $n < 0$ mit $n =$ ungerade $(x \neq 0)$

Beispiel:

$$f(x) = x-1 = \frac{1}{x}$$

Gemeinsamkeiten der Graphen:
1. + 3. Quadrant
Punkte: $(1;1)$ $(-1;-1)$
Keine Nullstellen
Punktsymmetrisch zum
Koordinatenursprung

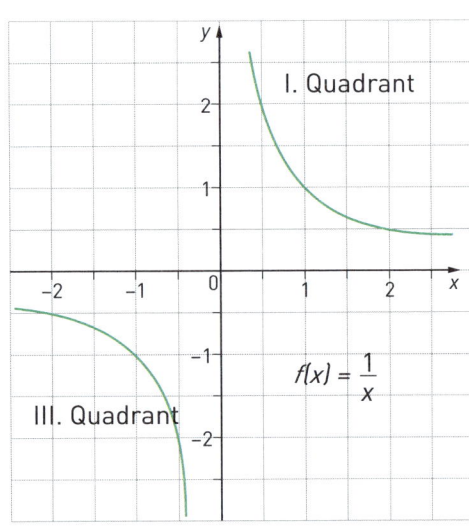

I. Quadrant

III. Quadrant

$$f(x) = \frac{1}{x}$$

Wurzelfunktion

Die Wurzelfunktion ist ein Spezialfall der Potenzfunktion.

$$f(x) = x^n \text{ mit } n = \frac{1}{k}$$

$$\sqrt[k]{x} = x^{\frac{1}{k}} \qquad k \in \mathbb{N}, k > 1, x \in \mathbb{R}, x \geq 0, n \in \mathbb{Q}^+$$

Gemeinsamkeiten aller Graphen:

Punkte: (0;0) (1;1)

Nullstelle: $x_0 = 0$

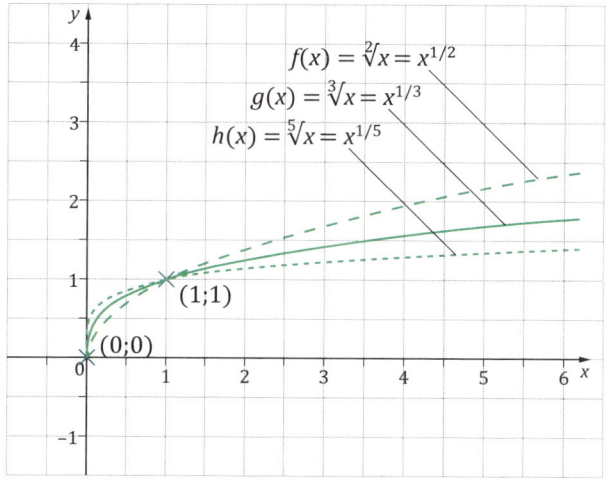

$$f(x) = \sqrt[2]{x} = x^{1/2}$$
$$g(x) = \sqrt[3]{x} = x^{1/3}$$
$$h(x) = \sqrt[5]{x} = x^{1/5}$$

(1;1)

(0;0)

Logarithmusfunktion

$$f(x) = \log_a x \quad a, x \in \mathbb{R}, x > 0, \qquad a \neq 1$$

Gemeinsamkeit aller Graphen:

Punkte: (1;0)
Nullstelle: $x_0 = 1$
Kein Schnittpunkt mit der y-Achse
Näherung mit $y \to -\infty$
lg = Logarithmus Basis 10
ln = natürlicher Logarithmus Basis e

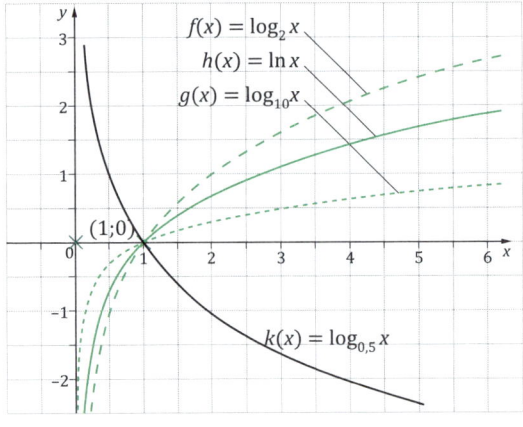

Exponentialfunktion

$f(x) = a^x$

$a, x \in \mathbb{R}, \qquad a, x > 0, \qquad a \neq 1$

Gemeinsamkeiten aller Graphen:
Punkt: (0;1) Schnittpunkt mit der
y-Achse
Keine Nullstellen

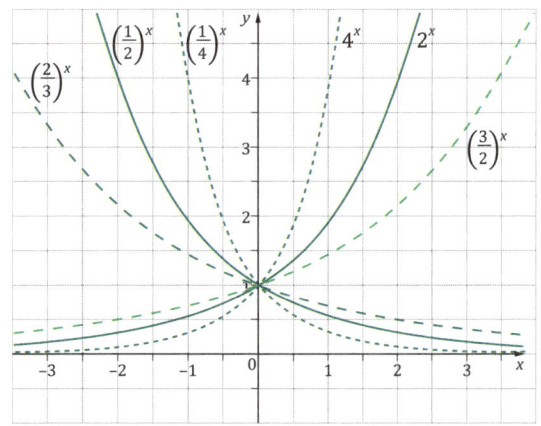

Spezialfall: $f(x) = e^x$

e = Eulersche Zahl = 2,718 281 828 459 045 235 36...
Schneidet die y-Achse bei (0;1)
Kein Schnittpunkt mit der x-Achse, Näherung mit $x \to -\infty$

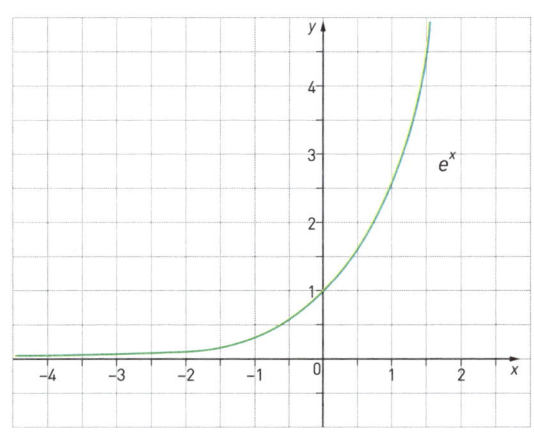

Ebene Geometrie

Geometrische Grundbegriffe

PUNKT

Der elementarste Begriff der Geometrie ist der Punkt. Ein Punkt wird im zweidimensional Raum durch zwei Koordinaten (x, y) und im dreidimensionalen Raum durch drei Koordinat (x, y, z) angegeben.

Schreibweise: $P\,(x, y)$
Geometrische Darstellung: ✕ P

STRECKE (Synonyme: Geradenabschnitt, Geradenstück)

Die kürzeste Verbindung zwischen zwei Punkten wird Strecke genannt.
Eine Strecke besitzt einen Start- (A) und einen Endpunkt (B).

Schreibweise: $\overline{AB} = x\ cm$
Geometrische Darstellung:

STRAHL

Ein Strahl besitzt einen Anfangspunkt (A), aber keinen Endpunkt. Er erstreckt sich vom Anfangspunkt aus ins Unendliche. Er verfügt über eine Orientierung im Raum.

Schreibweise: Ein Strahl wird mit einem Kleinbuchstaben bezeichnet, z. B.: s
Geometrische Darstellung:

GERADE

Eine Gerade besteht aus einer unendlichen Anzahl an Punkten, die auf einer gerad-linigen Bahn angeordnet sind. Somit weist eine Gerade immer eine eindeutige Rich-tung im Raum auf. Eine Gerade besitzt weder Anfangs-, noch Endpunkt — sie geht in beide Richtungen ins Unendliche.

Schreibweise: Eine Gerade wird mit einem Kleinbuchstaben bezeichnet, z. B.: g
Geometrische Darstellung:

HALBGERADE

Liegt auf einer Geraden ein Punkt P, so wird diese Gerade durch den Punkt in zwei Halbgeraden geteilt.

Geometrische Darstellung:

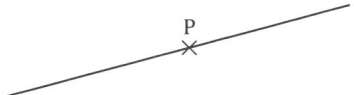

VEKTOR

Ein Vektor hat eine bestimmte Länge, auch „Betrag" genannt, jedoch keinen festge-legten Anfangspunkt. Ein Vektor besitzt eine eindeutige Richtung und verfügt damit über eine Orientierung im Raum. Er ist Teil eines Vektorraumes, z. B. eines zwei- oder dreidimensionalen Koordinatensystems.

Schreibweise: $\vec{v}$
Geometrische Darstellung:

Alle dargestellten Richtungspfeile gehören zu dem Vektor $\vec{v}$.

PARALLELE

Parallel verlaufen zum Beispiel: zwei Geraden g_1 und g_2, wenn sie an jeder Stelle den gleichen Abstand a ($a \neq 0$) aufweisen und somit keinen gemeinsamen Schnittpunkt besitzen.

Schreibweise: $g_1 \parallel g_2$
Geometrische Darstellung:

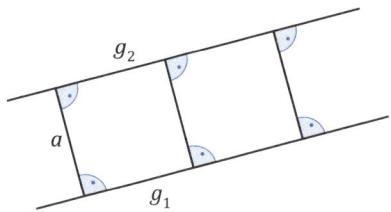

SENKRECHTE

Geraden, die einen rechten Winkel (90°) miteinander bilden, verlaufen senkrecht zueinander

Schreibweise: $g_1 \perp g_2$
Geometrische Darstellung:

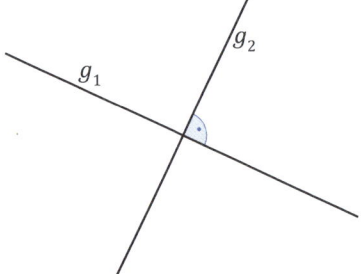

Winkel

DEFINITION

Gehen zwei Strahlen s_1 und s_2 (Schenkel) von einem gemeinsamen Punkt S (Scheitelpunkt) aus, wird der Richtungsunterschied der beiden Strahlen als Winkel bezeichnet.

Winkel werden mit griechischen Buchstaben (α, β, γ, δ usw.) benannt.

Schreibweise: ∢ $(s_1; s_2)$

Geometrische Darstellung:

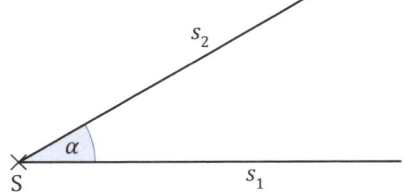

WINKELMASSE

Angabe in Grad

Die Weite eines Winkels wird üblicherweise in Grad angegeben. Ein Vollwinkel hat 360 Grad (das entspricht einer vollen Umdrehung); ein rechter Winkel hat 90 Grad.

Schreibweise: 1 Grad = 1°

Angabe in Winkelminuten bzw. Winkelsekunden

Für sehr kleine Winkelgrößen werden auch die Maßeinheiten Winkelminute und Winkelsekunde (oder auch Bogenminute und Bogensekunde) verwendet.

1 Grad entspricht dabei 60 Winkelminuten
1 Winkelminute sind 60 Winkelsekunden

Schreibweise:
1° = 60′ (1 Grad = 60 Winkelminuten)
1′ = 60″ (1 Winkelminute = 60 Winkelsekunden)

Angabe als Bogenmaß

Die Größe bzw. Weite eines Winkels kann – neben der Angabe in Grad, Winkelminuten und Winkelsekunden auch als Bogenmaß angegeben werden. Dabei wird der Winkel über die Länge des Kreisbogens definiert, genauer: Die Winkelgröße wird durch das Verhältnis von Radius (r) zum Kreisbogen (b) definiert:

$$\alpha = \frac{b}{r}$$

Schreibweise:
1 rad (gesprochen: Radiant)
1 $rad = 57{,}296°$

1 Radiant beschreibt die Größe eines Winkels, der aus dem Umfang des Kreises einen Bogen von genau der Länge des Radius ausschneidet
($r = b$).

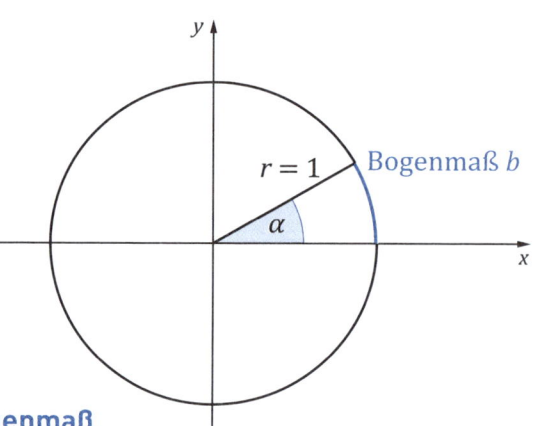

Umrechnung von Grad in Bogenmaß

Umrechnungsformel:

$$\alpha = \frac{180°}{\pi} \cdot x \qquad \Leftrightarrow \qquad x = \frac{\pi}{180°} \cdot \alpha$$

Grad	Bogenmaß
α	x
10°	$\frac{\pi}{18}$
30°	$\frac{\pi}{6}$
45°	$\frac{\pi}{4}$
90°	$\frac{\pi}{2}$
120°	$\frac{2\pi}{3}$
180°	π
270°	$\frac{3\pi}{2}$
360°	2π

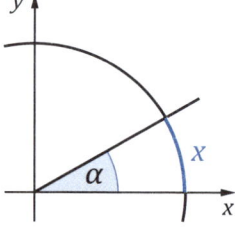

Achtung:
Bei Rechnungen mit dem Taschenrechner muss vor Eingabe eines Winkels die Einstellung der Angaben DEG/RAD vorgenommen werden:
DEG für Winkel im Gradmaß
RAD für Winkel im Bogenmaß

WINKELARTEN

Spitzer Winkel

$\alpha < 90°$
Ein Winkel, der kleiner ist als 90°, ist ein spitzer Winkel.

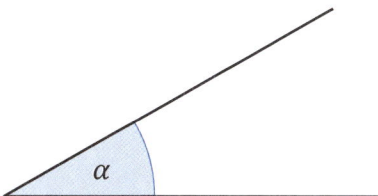

Rechter Winkel

$\alpha = 90°$
Ein Winkel mit einer Größe von exakt 90° ist ein rechter Winkel.

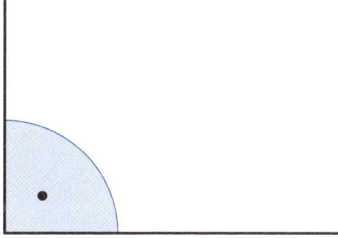

Stumpfer Winkel

$\alpha > 90°$
Ein Winkel mit einer Größe über 90° ist ein stumpfer Winkel.

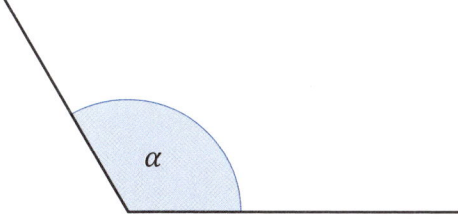

Gestreckter Winkel

$\alpha = 180°$
Ein Winkel mit einer Größe von exakt 180° ist ein gestreckter Winkel.

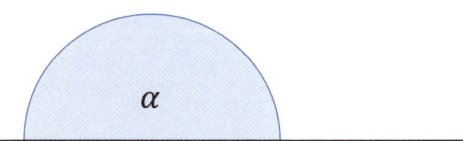

Überstumpfer Winkel

$\alpha > 180°$
Ein Winkel mit einer Größe über 180° ist ein überstumpfer Winkel.

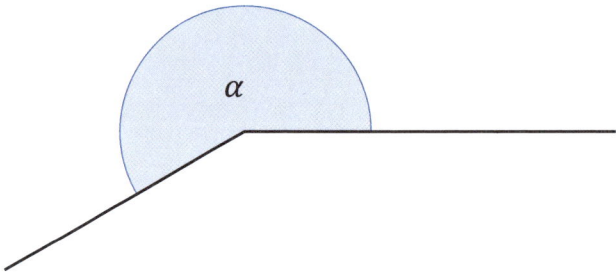

Vollwinkel

$\alpha = 360°$
Ein Winkel mit einer Größe von exakt 360° ist ein Vollwinkel.

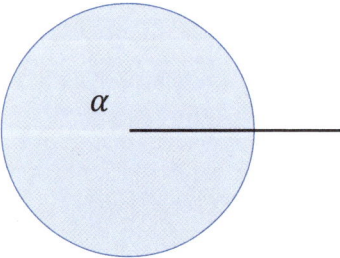

WINKELBEZIEHUNGEN

Wenn sich 2 Geraden in einem Punkt schneiden, entstehen 4 Winkel. Je nach ihrer Beziehung bzw. Lage zueinander werden sie als Neben- oder Scheitelwinkel bezeichnet.

Nebenwinkel

Als Nebenwinkel bezeichnet man die beiden nebeneinanderliegenden Winkel am Schnittpunkt zweier Geraden. Sie ergänzen sich immer zu 180°.

$\alpha + \beta = 180°$

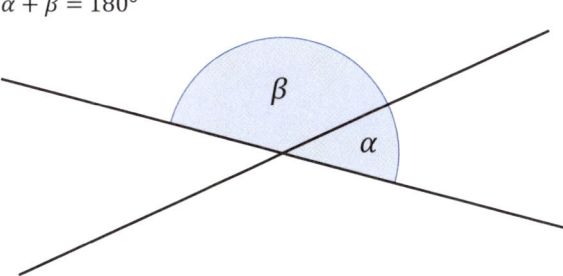

Scheitelwinkel

Als Scheitelwinkel bezeichnet man die beiden einander gegenüberliegenden Winkel am Schnittpunkt zweier Geraden. Sie sind immer gleich groß.

$\alpha = \beta$

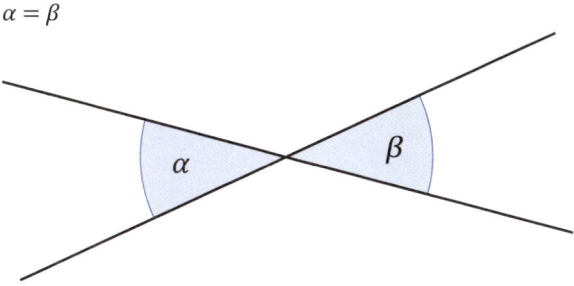

Werden 2 Parallelen von einer Gerade geschnitten, entstehen Stufen- und Wechselwinkel.

Stufenwinkel

Stufenwinkel sind immer gleich groß.

$\alpha = \beta$

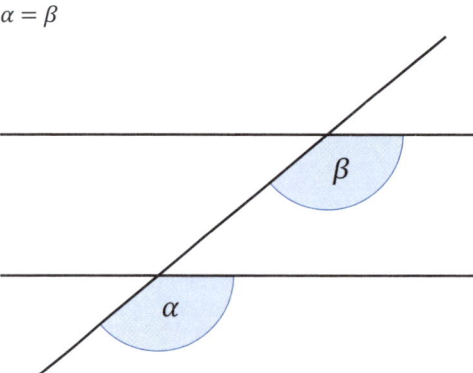

Wechselwinkel

Wechselwinkel sind immer gleich groß.

$\alpha = \beta$

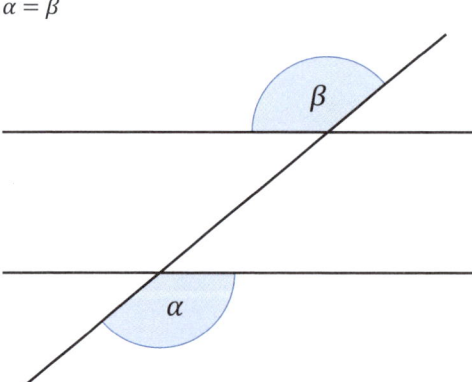

WINKELSUMMEN

Winkelsummen im Dreieck

Für die Winkel eines jeden Dreiecks gilt Folgendes:

→ Die **Summe der Innenwinkel** eines Dreiecks beträgt immer 180°.
$$\alpha + \beta + \gamma = 180°$$

→ Die **Summe der Außenwinkel** eines Dreiecks beträgt immer 360°.
$$\alpha' + \beta' + \gamma' = 360°$$

→ Die Außenwinkel eines Dreiecks
sind immer gleich der Summe
der nicht anliegenden Innenwinkel,
sodass gilt:

$$\alpha' = \beta \qquad + \gamma$$
$$\beta' = \alpha \qquad + \gamma$$
$$\gamma' = \alpha \qquad + \beta$$

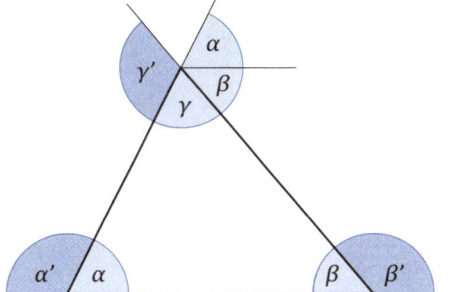

Winkelsummen im Viereck

Die Summe der Innenwinkel eines Vierecks beträgt immer 360°.

$$\alpha + \beta + \gamma + \delta = 360°$$

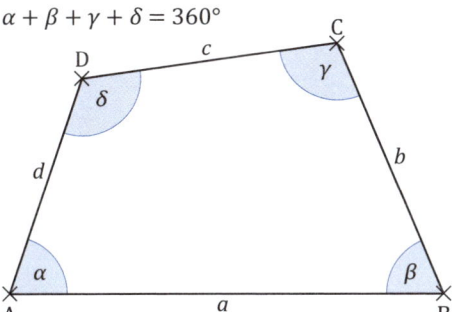

Winkelsummen im Vieleck

Für die Winkelsumme S eines Vielecks mit n Ecken gilt die allgemeine Formel:
$$S = (n - 2) \cdot 180°$$

Dreiecke

EINTEILUNG NACH SEITENLÄNGEN

Nach ihrer Seitenlänge unterscheidet man Dreiecke in unregelmäßige, gleichschenklige und gleichseitige Dreiecke.

Unregelmäßiges oder ungleichseitiges Dreieck

Sind alle Seiten eines Dreiecks unterschiedlich lang, bezeichnet man es als **unregelmäßiges** oder **ungleichseitiges Dreieck.**

$a \neq b \neq c$

Die Winkel eines unregelmäßigen Dreiecks sind unterschiedlich groß.

$\alpha \neq \beta \neq \gamma$

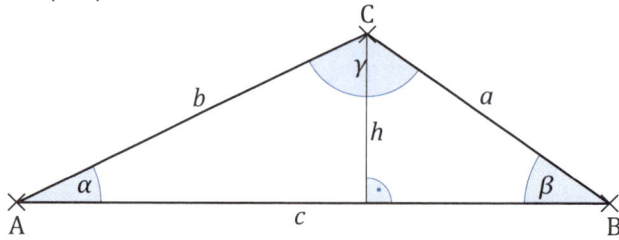

Gleichschenkliges Dreieck

Sind 2 Seiten eines Dreiecks gleich lang, bezeichnet man es als **gleichschenkliges Dreieck.**

$a = b \neq c$

Die beiden Basiswinkel eines gleichschenkligen Dreiecks sind gleich groß.

$\alpha = \beta$

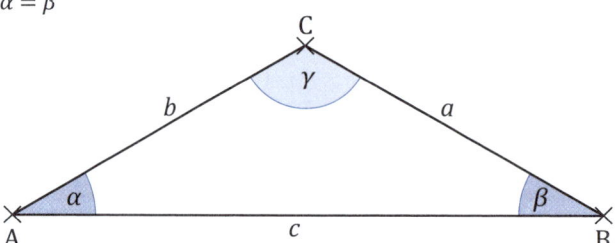

Gleichseitiges Dreieck

Sind alle 3 Seiten eines Dreiecks gleich lang, bezeichnet man es als **gleichseitiges Dreieck.**

$a = b = c$

Alle 3 Innenwinkel eines gleichseitigen Dreiecks sind gleich groß.

$\alpha = \beta = \gamma$

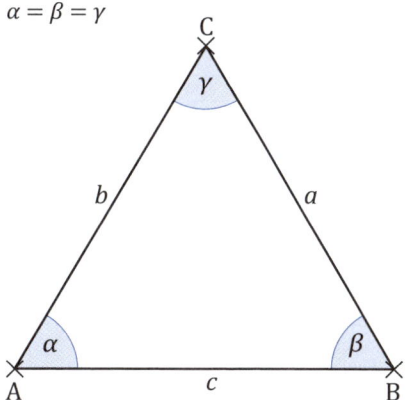

EINTEILUNG NACH WINKELN

Nach der Größe ihrer Winkel unterscheidet man Dreiecke in spitzwinklige, rechtwinklige und stumpfwinklige Dreiecke.

Spitzwinkliges Dreieck

Sind alle Innenwinkel eines Dreiecks spitze Winkel, bezeichnet man dieses als **spitzwinkliges Dreieck.**

$\alpha < 90°$
$\beta < 90°$
$\gamma < 90°$

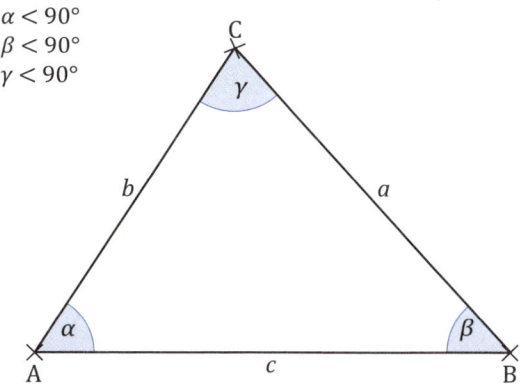

Rechtwinkliges Dreieck

Ist ein Innenwinkel eines Dreiecks ein rechter Winkel, bezeichnet man dieses Dreieck als **rechtwinkliges Dreieck.**

$\gamma = 90°$

Die beiden Seiten, die den rechten Winkel bilden, bezeichnet man als **Katheten**, die dem rechten Winkel gegenüberliegende Seite als **Hypothenuse**.

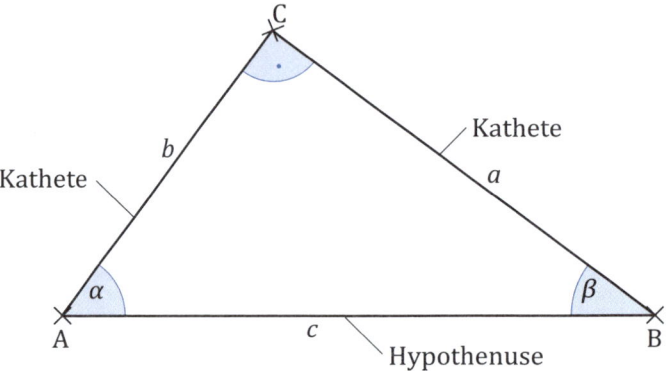

Stumpfwinkliges Dreieck

Ist ein Innenwinkel eines Dreiecks ein stumpfer Winkel, bezeichnet man dieses Dreieck als **stumpfwinkliges Dreieck.**
$\gamma > 90°$

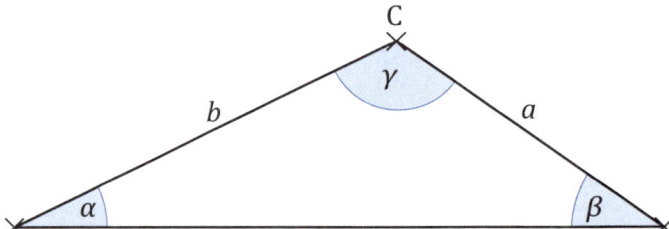

SÄTZE IM DREIECK

Höhen

Ein Dreieck besitzt 3 Höhen.

Jede Höhe (h_a, h_b, h_c) verläuft durch eine Ecke des Dreiecks und steht senkrecht auf der korrespondierenden Seite.

$h_a \perp a, \quad h_b \perp b, \quad h_c \perp c$

Die Längen der Höhen verhalten sich umgekehrt zu einander wie die Längen der zugehörigen Seiten:

$$\frac{h_c}{h_b} = \frac{b}{c}$$

$$\frac{h_a}{h_b} = \frac{b}{a}$$

$$\frac{h_c}{h_a} = \frac{a}{c}$$

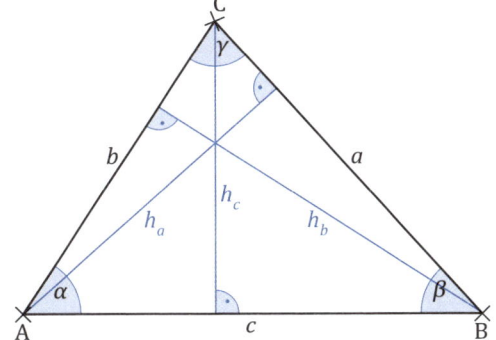

Seitenhalbierenden

Die Seitenhalbierenden (sa, sb, sc) eines Dreiecks schneiden sich im Schnittpunkt □. Sie teilen einander im Verhältnis 2:1.

$$\frac{\overline{AS}}{SM_a} = \frac{\overline{BS}}{SM_b} = \frac{\overline{CS}}{SM_c} = \frac{2}{1}$$

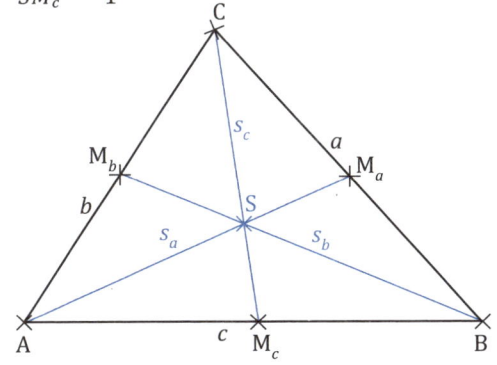

Winkelhalbierenden

Die Winkelhalbierenden w_α, w_β, w_γ eines Dreiecks teilen die Winkel in zwei gleiche Teile und schneiden einander im Mittelpunkt M des Innenkreises.

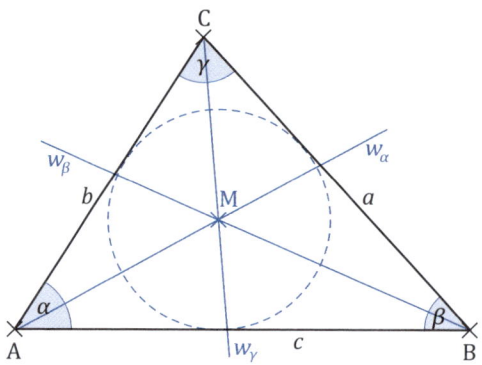

Mittelsenkrechten

Die Mittelsenkrechten (m_a, m_b, m_c) eines Dreiecks stehen senkrecht zu der korrespondierenden Seite und teilen diese in zwei gleiche Teile. Dabei schneiden sich die Mittelsenkrechten sich in dem Punkt M, dem Mittelpunkt des Umkreises.

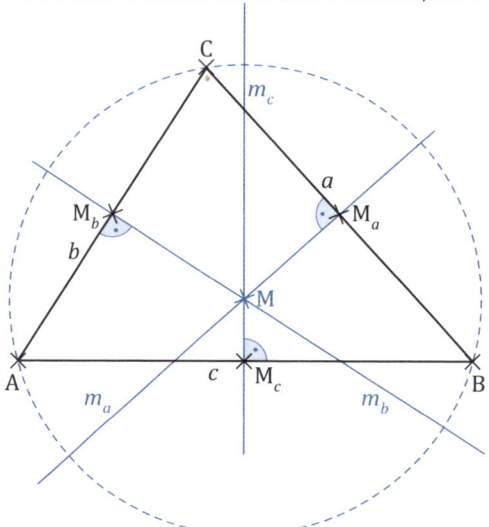

KONGRUENZSÄTZE FÜR DREIECKE

SSS

Dreiecke sind zueinander kongruent (= deckungsgleich), wenn sie in ihren 3 Seiten übereinstimmen.

(SSS = Seite, Seite, Seite)

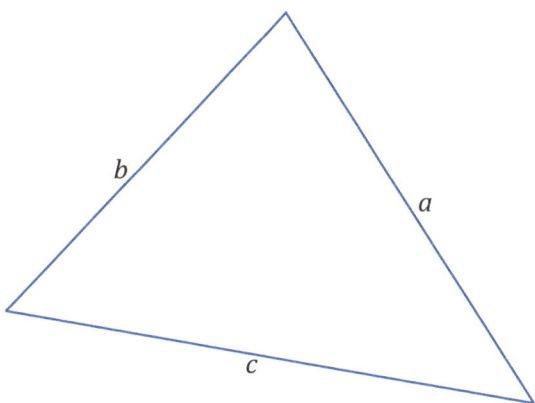

SWS

Dreiecke sind zueinander kongruent, wenn sie in in 2 Seiten und dem einge-schlossenen Winkel übereinstimmen.

(SWS = Seite, Winkel, Seite)

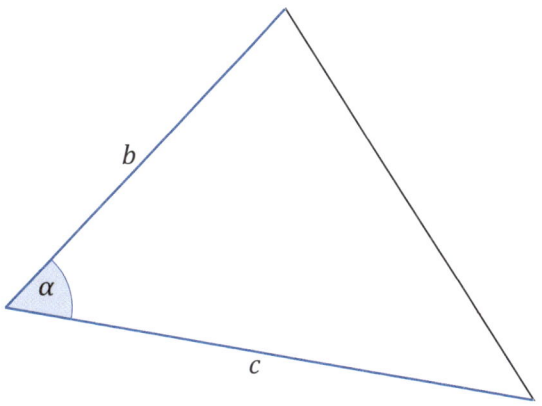

WSW

Dreiecke sind zueinander kongruent, wenn sie in 1 Seite und den beiden anliegenden Winkeln übereinstimmen.

(WSW = Winkel, Seite, Winkel)

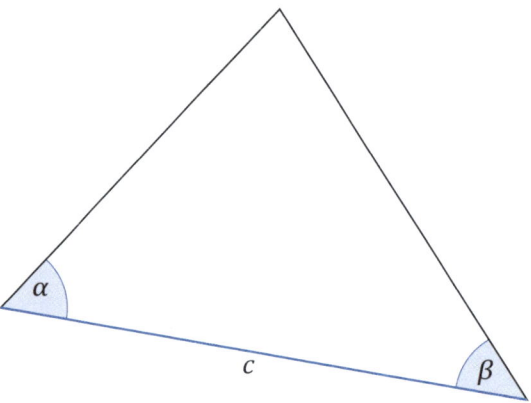

SSW

Dreiecke sind zueinander kongruent, wenn sie in 2 Seiten und in dem der längeren Seite gegenüberliegenden Winkel übereinstimmen.

(SSW = Seite, Seite, Winkel)

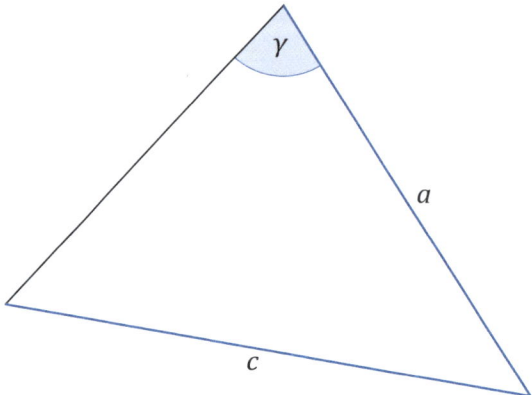

ÄHNLICHKEITSSÄTZE FÜR DREIECKE

Längenverhältnis aller Seiten

Dreiecke sind zueinander ähnlich, wenn sie im Längenverhältnis aller entsprechenden Seiten übereinstimmen, also wenn jede Seite eines Dreiecks zu je einer Seite des anderen Dreiecks das gleiche Verhältnis hat.

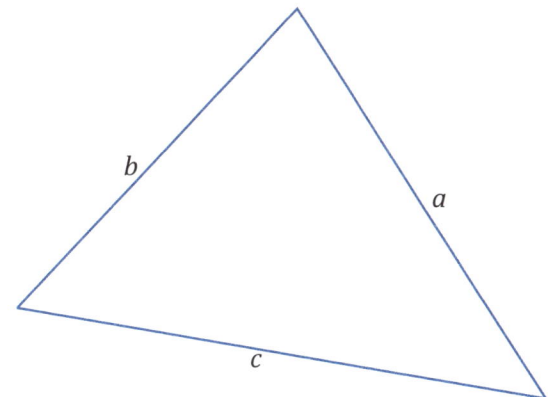

Längenverhältnis Seiten und Winkel

Dreiecke sind zueinander ähnlich, wenn sie in den Längenverhältnissen zweier Seiten und dem eingeschlossenen Winkel übereinstimmen.

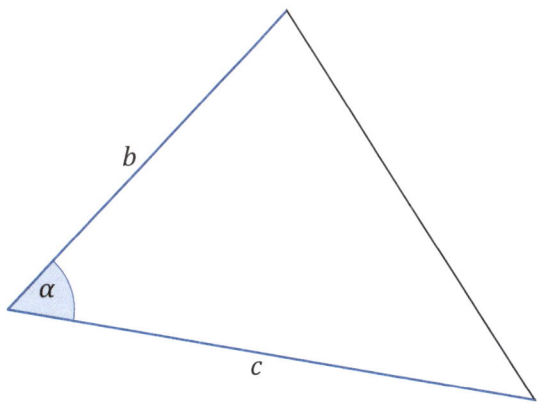

Zwei Winkel

Dreiecke sind zueinander ähnlich, wenn sie in zwei Winkeln übereinstimmen **(Hauptähnlichkeitssatz)**.

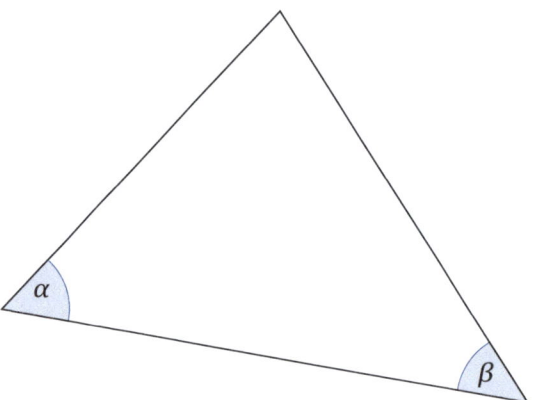

Zwei Seiten und ein Winkel

Dreiecke sind zueinander ähnlich, wenn sie in den Längenverhältnissen zweier Seiten und in dem der jeweils längeren Seite gegenüberliegenden Winkel übereinstimmen.

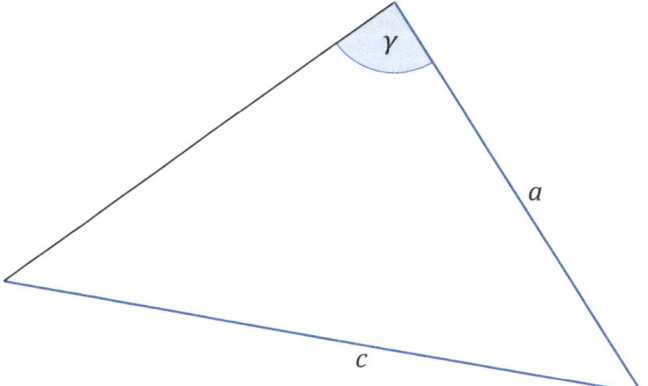

SÄTZE AM RECHTWINKLIGEN DREIECK

Satz des Pythagoras

In jedem rechtwinkligen Dreieck ist die Summe der Flächen der Kathetenquadrate (a^2, b^2) gleich der Fläche des Hypothenusenquadrats (c^2).

$$a^2 + b^2 = c^2$$

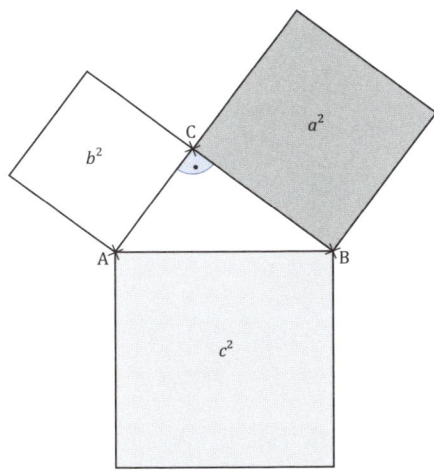

Kathetensatz

In jedem rechtwinkligen Dreieck ist ein Kathetenquadrat flächengleich zu dem Rechteck aus Hypothenuse (c) und dem entsprechenden Hypothenusenabschnitt (q, p).

$$b^2 = q \cdot c$$
$$a^2 = p \cdot c$$

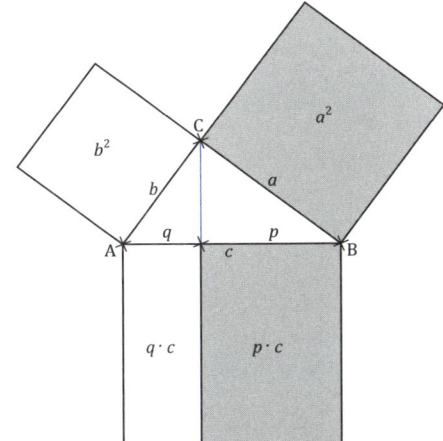

Höhensatz

In einem rechtwinkligen Dreieck ist das Quadrat der Höhe (h^2) flächengleich zu dem Rechteck der Hypothenusenabschnitte (q, p).

$$h^2 = q \cdot p$$

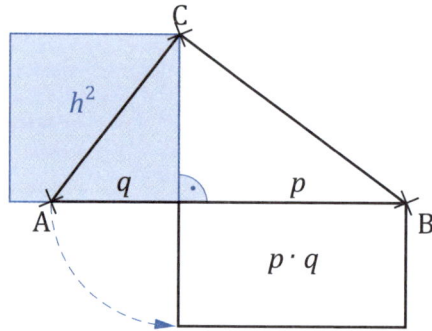

SÄTZE ÜBER WINKEL AM KREIS

Satz des Thales

Konstruiert man in einem Halbkreisbogen ein Dreieck mit den Eckpunkten (A, B) des Durchmessers des Halbkreises und einem weiteren Punkt (C, D, E), so erhält man immer ein rechtwinkliges Dreieck.

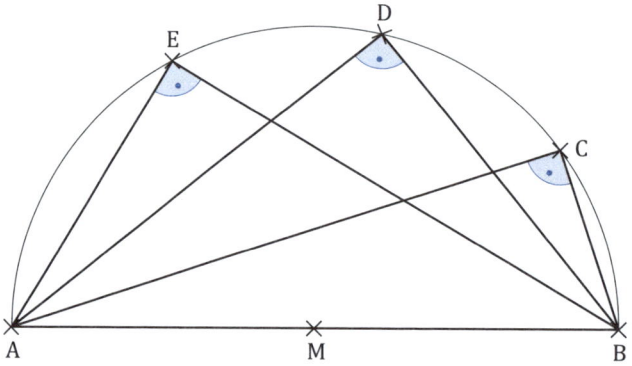

Zentrische Streckung

Eine zentrische Streckung wird festgelegt durch das Streckungszentrum Z und einen Streckungsfaktor k.

Ein Dreieck mit den Punkten A, B, C wird mit

$k > 1$ vergrößert

$k < 1$ verkleinert.

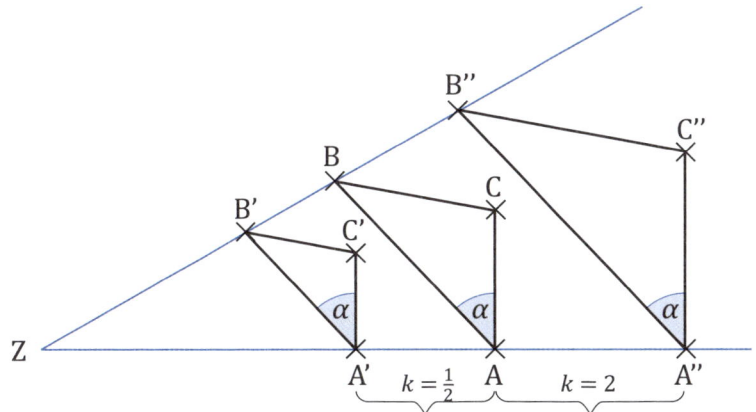

Winkel werden unverändert abgebildet:
$\alpha = \alpha'$

Strecken werden mit dem Faktor k multipliziert:
$\overline{A'B'} = k \cdot \overline{AB}$

Flächen werden um den Faktor k^2 verändert:
$A' = k^2 \cdot A$

Volumen werden um den Faktor k^3 verändert:
$V' = k^3 \cdot V$

Strahlensätze

1. STRAHLENSATZ

Werden zwei Geraden mit einem gemeinsamen Schnittpunkt S von zwei parallelen Geraden geschnitten, dann entstehen die Punkte A, B, C, D. Die dadurch entstandenen Abschnitte der beiden Geraden stehen dann im gleichen Verhältnis zueinander.

Die Strahlensätze gelten für beide Abbildungen, wenn gilt:

$$\overline{AB} \parallel \overline{CD} \qquad \frac{\overline{SA}}{\overline{SC}} = \frac{\overline{SB}}{\overline{SD}} \qquad \frac{\overline{SA}}{\overline{AC}} = \frac{\overline{SB}}{\overline{BD}}$$

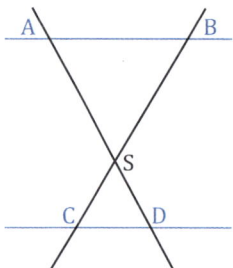 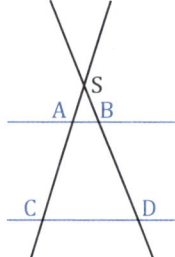

2. STRAHLENSATZ

Werden 2 Geraden mit dem gemeinsamen Schnittpunkt S, von zwei Parallelen geschnitten, dann verhalten sich die Parallelabschnitte zwischen den Geraden zueinander wie die Abschnitte der vom Scheitelpunkt aus gemessenen Geradenstücke (siehe Abb. oben).

$$\frac{\overline{AB}}{\overline{CD}} = \frac{\overline{SA}}{\overline{SC}}$$

$$\frac{\overline{AB}}{\overline{CD}} = \frac{\overline{SB}}{\overline{SD}}$$

Kongruenzabbildungen

ACHSENSPIEGELUNG

Ein Dreieck mit den Punkten P, R, Q wird symmetrisch an der Achse a gespiegelt.
Es entstehen die Bildpunkte P', R' und Q'. Dabei ist die Achse a die Mittelsenkrechte der
Strecken $\overline{PP'}$, $\overline{RR'}$ und $\overline{QQ'}$.

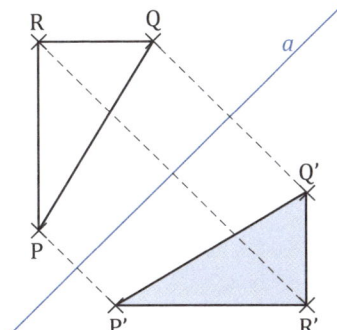

Achsensymmetrische Figuren

Achsensymmetrische Figuren können so gespiegelt werden, dass die Teile der Figur genau
aufeinander passen. Die Teile sind dann deckungsgleich.

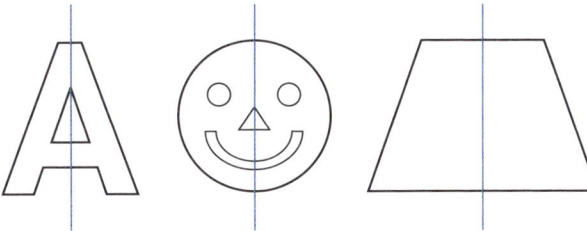

DREHUNG

Ein Dreieck mit den Punkten A, B, C wird um einen Drehpunkt Z mit dem Winkel $\alpha = 123°$ gedreht.

Aus der Originalfigur entsteht die Bildfigur mit den Punkten A', B', C'.

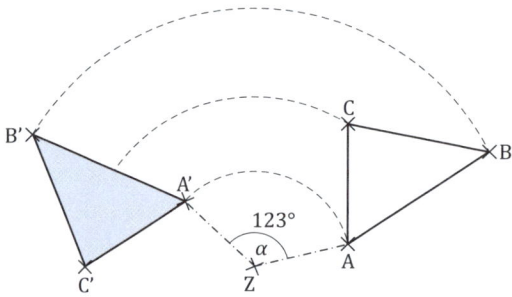

Drehsymmetrische Figuren

Figuren, die durch Drehungen ($< 360°$) mit sich selbst zur Deckung gebracht werden können, werden als „drehsymmetrisch" bezeichnet.

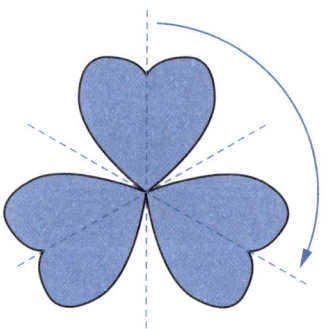

VERSCHIEBUNG

Ein Dreieck mit den Punkten A, B, C wird in eine Richtung (Verschiebungsvektor) verschoben. Dabei bleiben Original- und Bildfigur (A', B', C') kongruent (deckungsgleich).

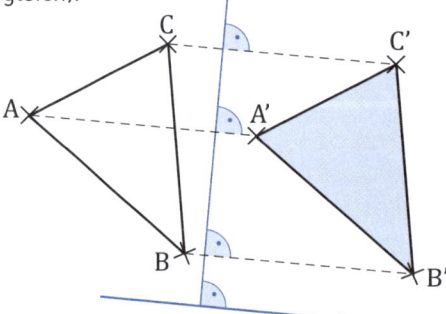

Ebene Figuren

DREIECKE

Allgemeines Dreieck

Umfang: $u = a + b + c$

Fläche: $A = \frac{1}{2} a \cdot h_a$

$A = \frac{1}{2} a \cdot h_a = \frac{1}{2} b \cdot h_b = \frac{1}{2} c \cdot h_c$

Zur Winkelberechnung für beliebige Dreiecke gilt:

Sinussatz: $\frac{a}{b} = \frac{\sin \alpha}{\sin \beta}$ $\quad \frac{a}{c} = \frac{\sin \alpha}{\sin \gamma}$ $\quad \frac{b}{c} = \frac{\sin \beta}{\sin \gamma}$

$\frac{a}{\sin \alpha} = \frac{b}{\sin \beta} = \frac{c}{\sin \gamma}$

Cosinussatz: $a^2 = b^2 + c^2 - 2 \cdot b \cdot c \cdot \cos \alpha$

$b^2 = a^2 + c^2 - 2 \cdot a \cdot c \cdot \cos \beta$

$c^2 = a^2 + b^2 - 2 \cdot a \cdot b \cdot \cos \gamma$

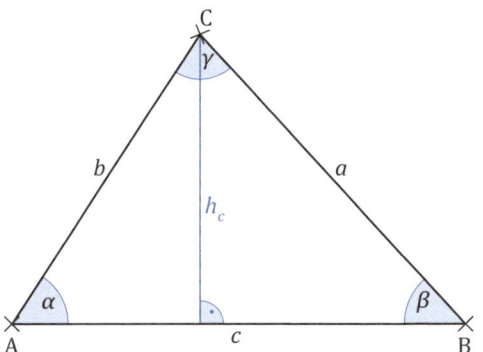

Rechtwinkliges Dreieck

Umfang: $\qquad u = a + b + c$

Fläche: $\qquad A = \frac{1}{2}\, a \cdot b$

Satz des Pythagoras: $\quad a^2 + b^2 = c^2$

Höhensatz: $\qquad h^2 = q \cdot p$

Kathetensatz: $\qquad a^2 = c \cdot p \qquad b^2 = c \cdot q$

Zur Winkelberechnung in einem rechtwinkligen Dreieck gilt:

$\sin \alpha = \frac{a}{c} = \frac{Gegenkathete}{Hypothenuse} \qquad \cos \alpha = \frac{b}{c} = \frac{Ankathete}{Hypothenuse}$

$\tan \alpha = \frac{a}{b} = \frac{Gegenkathete}{Ankathete} \qquad \cot \alpha = \frac{b}{a} = \frac{Ankathete}{Gegenkathete}$

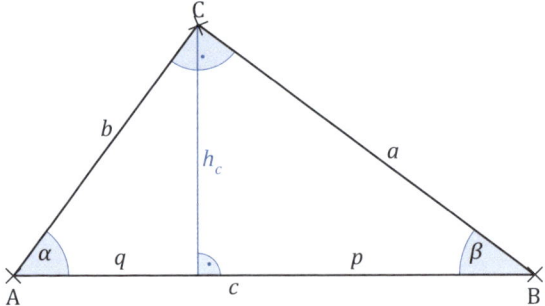

Gleichschenkliges Dreieck

Seiten: $a = b$

Winkel: $\alpha = \beta$

Umfang: $u = a + b + c$

Fläche: $A = \frac{1}{2}a \cdot h_a = \frac{1}{2}b \cdot h_b = \frac{1}{2}c \cdot h_c$

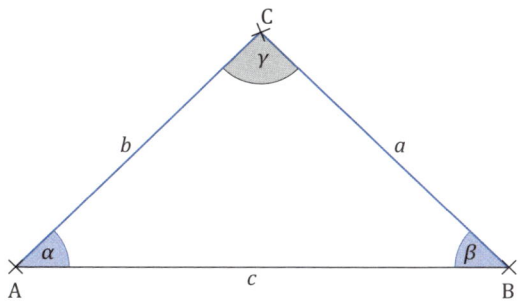

Gleichseitiges Dreieck

Seiten: $a = b = c$

Winkel: $\alpha = \beta = \gamma = 60°$

Umfang: $u = 3 \cdot a$

Fläche: $A = \frac{a^2}{4} \cdot \sqrt{3}$

Höhe: $h = \frac{a}{2} \cdot \sqrt{3}$

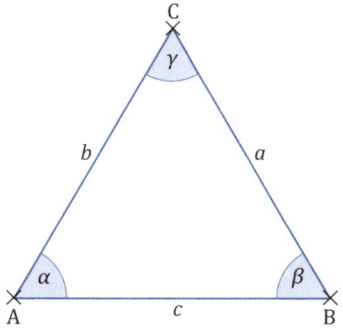

VIERECKE

Allgemeines Viereck

Seiten: $a \neq b \neq c \neq d$ $\alpha + \beta + \gamma + \delta = 360°$

Winkel: $\alpha \neq \beta \neq \gamma \neq \delta$

Umfang: $u = a + b + c + d$

Fläche: $A = A_1 + A_2$

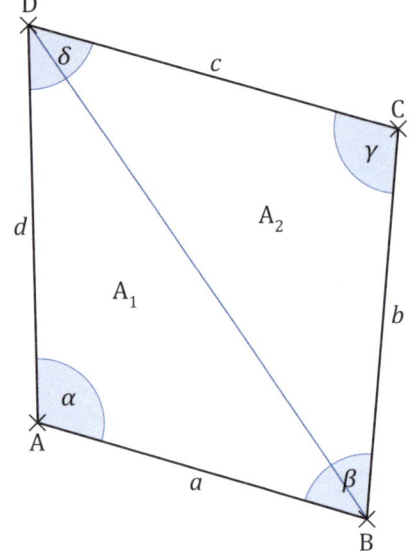

Rechteck

Die gegenüberliegenden Seiten eines Rechtecks sind jeweils gleich lang.

Alle Innenwinkel eines Rechtecks sind gleich groß (90°). Die Diagonalen haben die gleiche Länge und halbieren einander.

Seiten: $a = c, \ b = d$
         $a \parallel c, \ b \parallel d$
         $a \perp b$

Winkel: $\alpha = \beta = \gamma = \delta = 90°$

Umfang: $u = a + b + c + d$
          $u = 2 \cdot (a + b)$

Fläche: $A = a \cdot b$

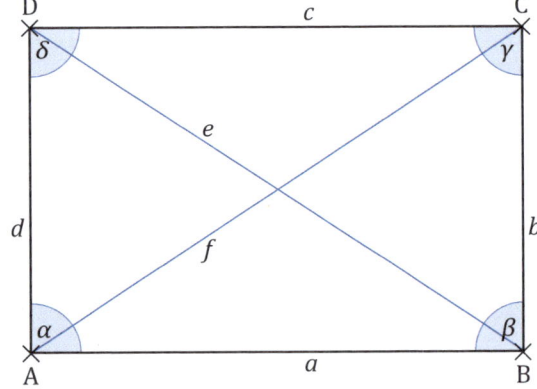

Quadrat

Alle Seiten eines Quadrats sind gleich lang.

Alle Innenwinkel eines Quadrats sind gleich groß (= 90°). Die Diagonalen stehen senkrecht zueinander.

Seiten: $a = c = b = d$
$a \parallel c, \ b \parallel d$
$a \perp b$

Winkel: $\alpha = \beta = \gamma = \delta = 90°$

Umfang: $u = a + b + c + d$
$u = 4 \cdot a$

Fläche: $A = a^2$

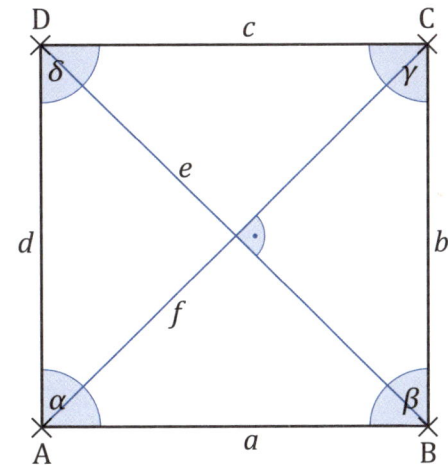

Trapez

Mindestens zwei Seiten eines Trapezes sind zueinander parallel.

Seiten: $a \parallel c$

Mittellinie (m): $m = \frac{a + c}{2}$

Winkel: $\alpha + \delta = 180°$
$\beta + \gamma = 180°$

Umfang: $u = a + b + c + d$

Fläche: $A = \frac{a + c}{2} \cdot h = m \cdot h$

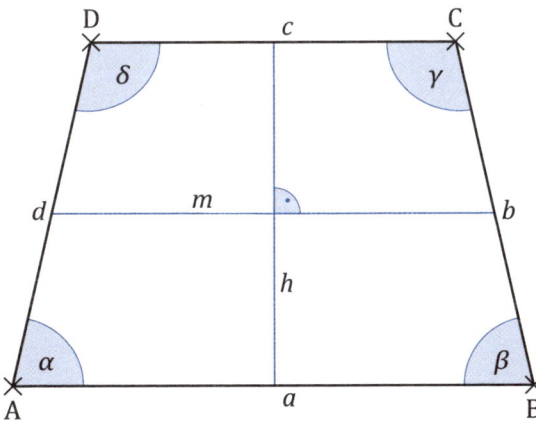

Parallelogramm

Die gegenüberliegenden Seiten eines Parallelogramms sind zueinander parallel und haben die gleiche Länge.

Die gegenüberliegenden Winkel sind gleich groß.

Seiten: $a = c,\ b = d$
$a \parallel c,\ b \parallel d$

Winkel: $\alpha = \gamma,\ \beta = \delta$
$\alpha + \beta = 180°,\ \gamma + \delta = 180°$

Umfang: $u = a + b + c + d$
$u = 2 \cdot (a + b)$

Fläche: $A = a \cdot h_a = a \cdot b \cdot \sin \alpha$

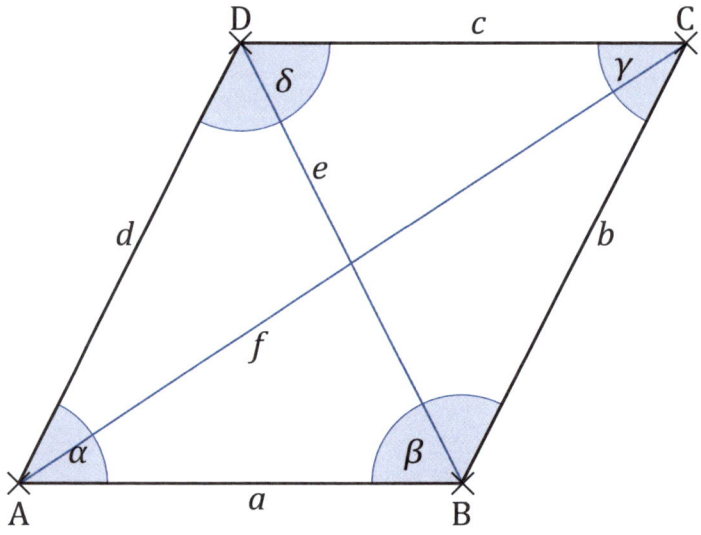

Drachenviereck

Jeweils 2 aneinandergrenzende Seiten eines Drachenvierecks sind gleich lang.

Mindestens 2 gegenüberliegende Winkel sind gleich groß. Die Diagonalen stehen senkrecht zueinander.

Seiten: $a = d,\ c = b$

Winkel: $\beta = \delta$

Umfang: $u = a + b + c + d$
$\qquad u = 2 \cdot (a + b)$

Fläche: $A = \frac{1}{2} \cdot e \cdot f$

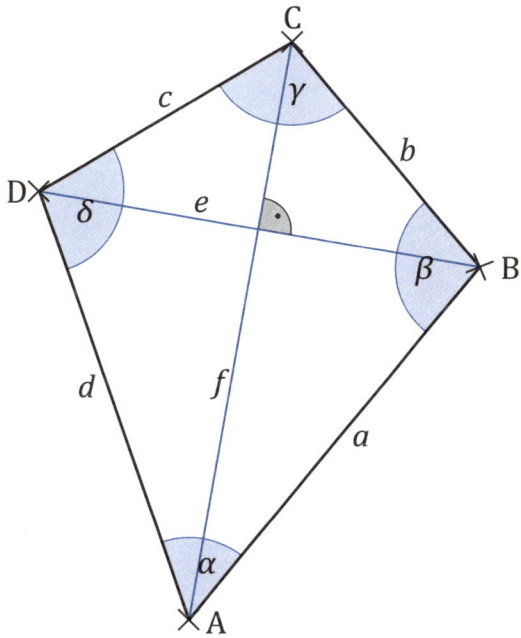

Raute (Rhombus)

Alle Seiten einer Raute sind gleich lang. Die gegenüberliegenden Seiten sind parallel zueinander.

Die gegenüberliegenden Innenwinkel sind gleich groß. Die Diagonalen stehen senkrecht zueinander.

Seiten: $\quad a = c = b = d$
$\qquad\quad a \parallel c, \ b \parallel d$

Winkel: $\quad \alpha = \gamma , \ \beta = \delta$

Umfang: $u = a + b + c + d$
$\qquad\quad u = 4 \cdot a$

Fläche: $\quad A = \frac{1}{2} \cdot e \cdot f = a \cdot h$

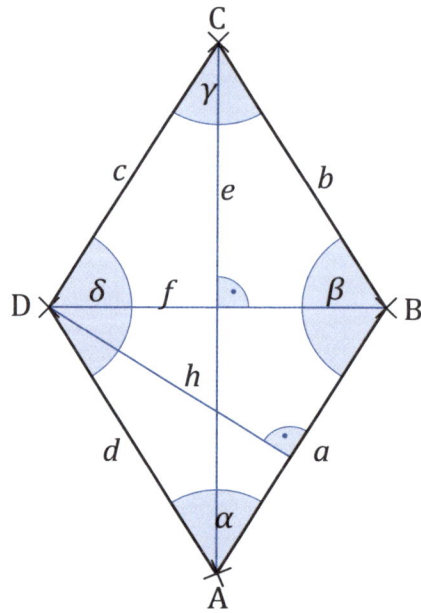

VIELECKE

Regelmäßiges Vieleck

Jedes Vieleck mit gleich langen Seiten und gleich großen Innenwinkeln ist ein regelmäßiges Vieleck.

n = Anzahl der Ecken

Für den Innenwinkel α gilt: $\alpha = \frac{360°}{n}$

Für den Basiswinkel β gilt: $\beta = \frac{180° - \alpha}{2}$

Für die Höhe h gilt: $h^2 = r^2 - \left(\frac{a}{2}\right)^2$

Umfang: $u = n \cdot a$

Fläche: $A = \frac{n \cdot a \cdot h}{2}$

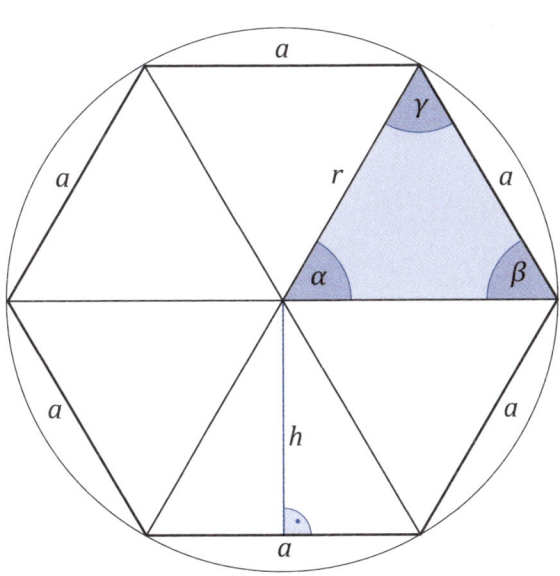

KREIS

Bezeichnungen am Kreis

Sehne: Strecke $\overline{(AC)}$, deren Endpunkte auf der Kreislinie liegen

Sekante: Gerade g, die die Kreislinie schneidet

Tangente: Gerade t, die die Kreislinie berührt

Passante: Gerade l, die die Kreislinie nicht berührt

Durchmesser: d

Radius: $r = \frac{d}{2}$

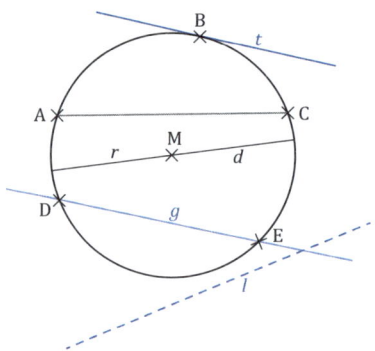

Kreisfläche und Kreisumfang

Durchmesser: $d = 2 \cdot r$

Kreisfläche: $A = \pi \cdot r^2$ oder $A = \pi \cdot \left(\frac{d}{2}\right)^2$

Kreisumfang: $u = 2 \cdot \pi \cdot r$ oder $u = \pi \cdot d$

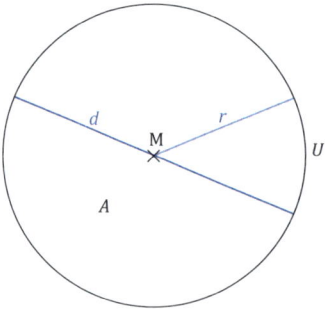

Kreisbogen und Kreisausschnitt (Kreissektor)

Kreisbogen: $\qquad b = \frac{\pi \cdot r \cdot \alpha}{180°}$

Kreisausschnitt: $\quad A = \frac{b \cdot r}{2} = \pi \cdot r^2 \frac{\alpha}{360°}$

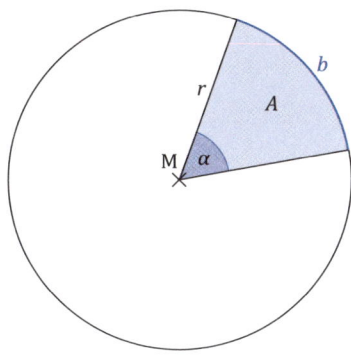

Kreisring

Fläche: Der Flächeninhalt eines Kreisrings entspricht der Differenz der beiden Kreise K_1 und K_2:

$$A_{Ring} = A_1 - A_2 = \pi r_1{}^2 - \pi r_2{}^2 = \pi \cdot (r_1{}^2 - r_2{}^2)$$

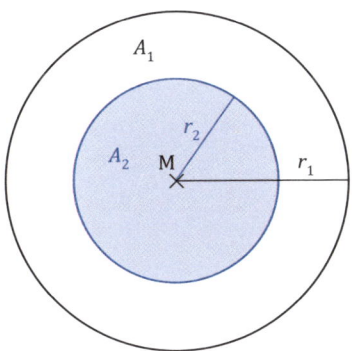

Körper

Würfel

VOLUMEN UND OBERFLÄCHE

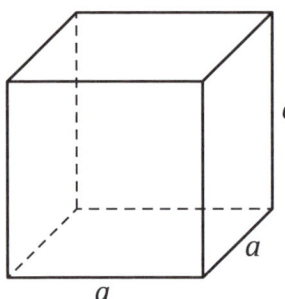

a

Volumen:
$$V = a \cdot a \cdot a = a^3$$

a

a

A

Oberfläche:
$$O = 6 \cdot A = 6 \cdot a^2$$

a

a

A A A A

A

FLÄCHENDIAGONALE

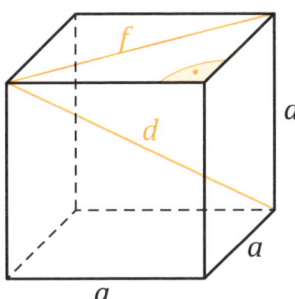

Flächendiagonale f
(Satz des Pythagoras):

$$f^2 = a^2 + a^2$$
$$f = \sqrt{a^2 + a^2}$$

RAUMDIAGONALE

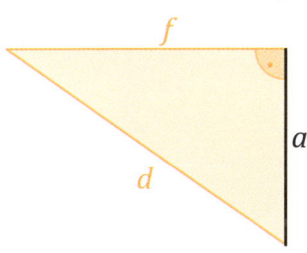

Raumdiagonale d
(Satz des Pythagoras):

$$d = a \cdot \sqrt{3}$$

Quader

VOLUMEN UND OBERFLÄCHE

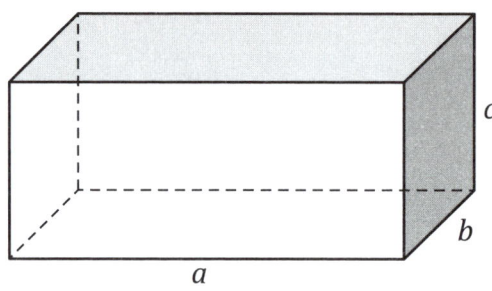

Volumen:
$$V = a \cdot b \cdot c$$

Oberfläche:
$$O = 2 \cdot A + 2 \cdot B + 2 \cdot C$$
$$O = 2 \cdot ab + 2 \cdot ac + 2 \cdot bc$$

FLÄCHENDIAGONALE

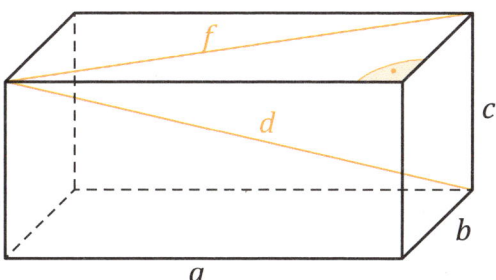

Flächendiagonale f
(Satz des Pythagoras):

$$f^2 = a^2 + b^2$$

$$f = \sqrt{a^2 + b^2}$$

RAUMDIAGONALE

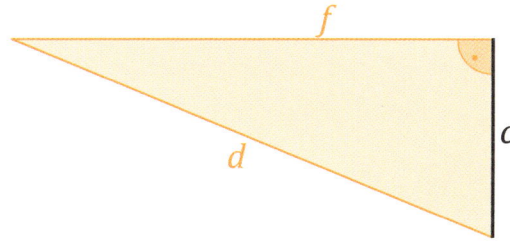

Raumdiagonale d
(Satz des Pythagoras):

$$d^2 = c^2 + f^2$$

$$d = \sqrt{a^2 + f^2}$$
mit $f^2 = a^2 + b^2$

$$d = \sqrt{a^2 + b^2 + c^2}$$

Prisma

PRISMA MIT REGELMÄSSIGER, DREIECKIGER GRUNDFLÄCHE

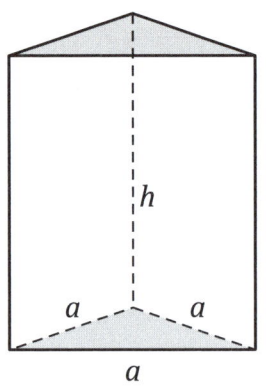

Grundfläche: $G = \dfrac{a^2 \cdot \sqrt{3}}{4}$

Volumen: $V = \dfrac{a^2 \cdot \sqrt{3}}{4} \cdot h =$

$Grundfläche \cdot Höhe$

Mantelfläche: $M = 3 \cdot a \cdot h$

Oberfläche: $O = \dfrac{a}{2} \cdot (a \cdot \sqrt{3} + 6 \cdot h)$

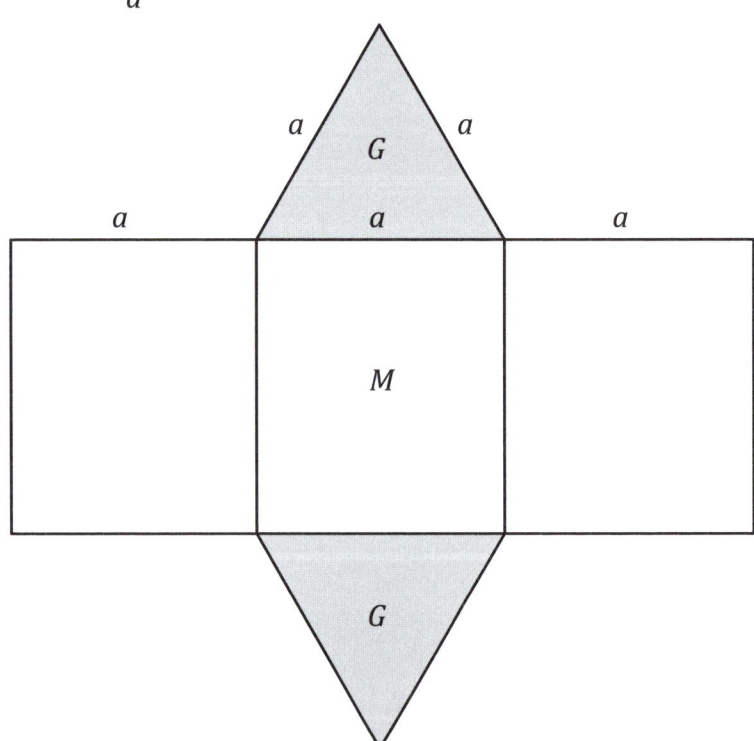

PRISMA MIT TRAPEZFÖRMIGER GRUNDFLÄCHE

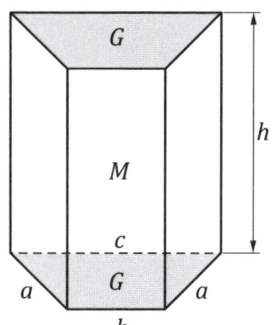

Volumen:	V	$= G \cdot h$
Mantelfläche:	M	$= h \cdot e$
Oberfläche:	V	$= 2 \cdot G + M$

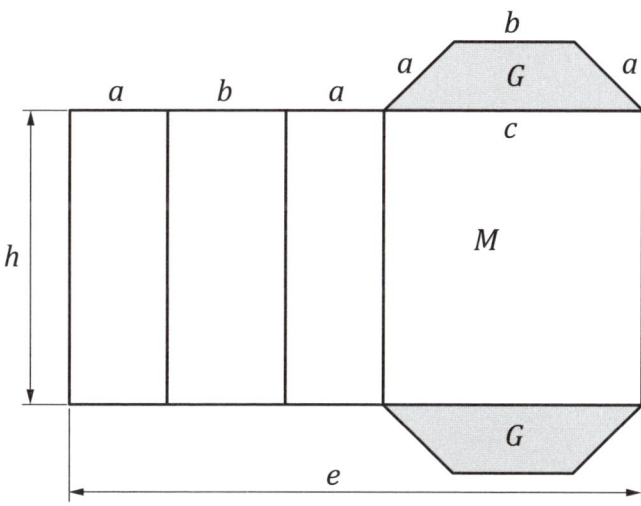

Pyramide

GERADE, QUADRATISCHE PYRAMIDE

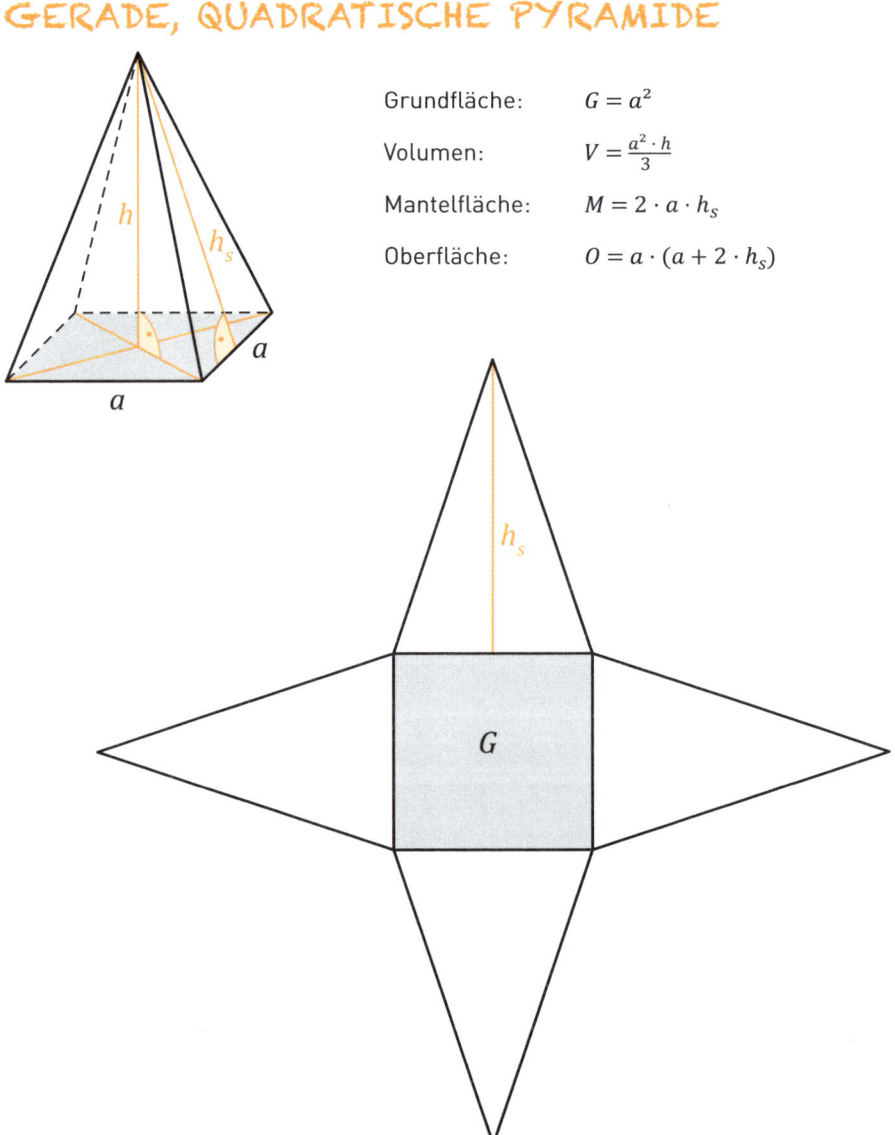

Grundfläche: $\quad G = a^2$

Volumen: $\quad V = \frac{a^2 \cdot h}{3}$

Mantelfläche: $\quad M = 2 \cdot a \cdot h_s$

Oberfläche: $\quad O = a \cdot (a + 2 \cdot h_s)$

Tetraeder

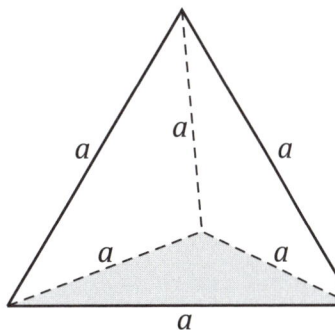

Grundfläche: $G = \frac{a^2}{4} \cdot \sqrt{3}$

Volumen: $V = \frac{a^3}{12} \cdot \sqrt{2}$

Mantelfläche: $M = \frac{3 \cdot a^2}{4} \cdot \sqrt{3}$

Oberfläche: $O = a^2 \cdot \sqrt{3}$

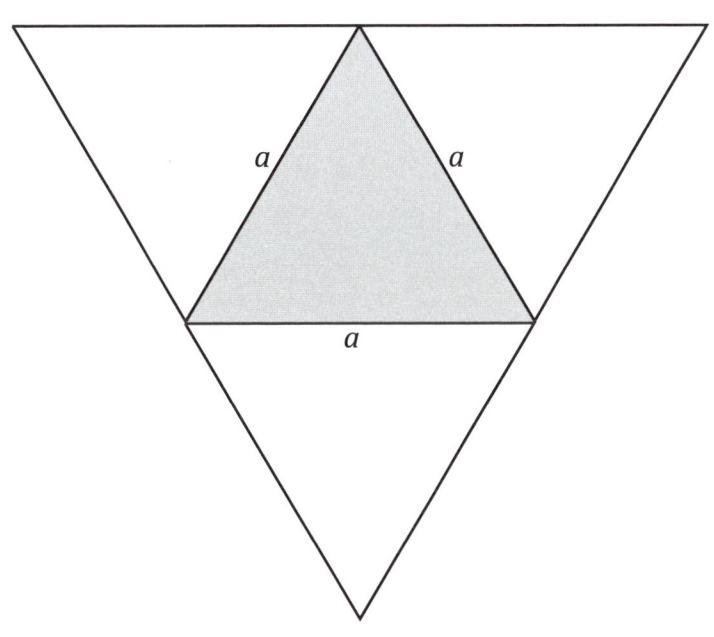

Zylinder

GERADER KREISZYLINDER

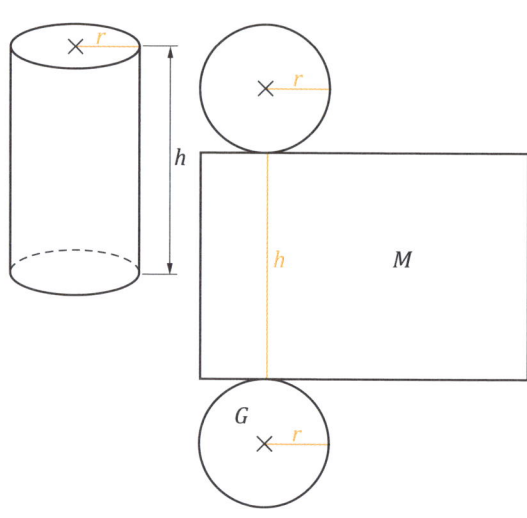

Umfang: $u = 2 \cdot \pi \cdot r$

Grundfläche: $G = \pi \cdot r^2$

Volumen: $V = G \cdot h = \pi \cdot r^2 \cdot h$

Mantelfläche: $M = 2 \cdot \pi \cdot r \cdot h$

Oberfläche: $O = 2\,G + M =$
$2 \cdot \pi \cdot r^2 +$
$2 \cdot \pi \cdot r \cdot h$

HOHLZYLINDER

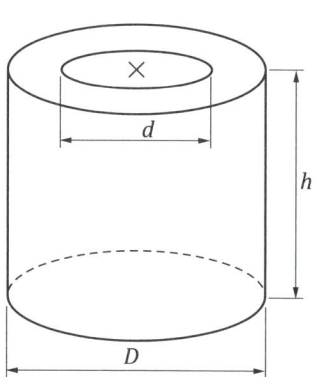

Umfang: $u = 2\pi r$

Grundfläche: $G = A_1 - A_2 = \frac{\pi}{4}\,(D^2 - d^2)$

Volumen: $V = (D^2 - d^2) \cdot \frac{\pi}{4} \cdot h$

Mantelfläche: $M = D \cdot \pi \cdot h$

Oberfläche: $O = \pi \cdot (D + d) \cdot [\frac{1}{2}\,(D - d) + h]$

Kegel

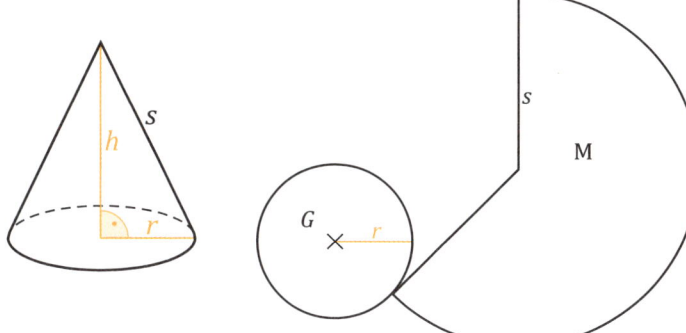

Umfang: $u = 2 \cdot \pi \cdot r$

Grundfläche: $G = \pi \cdot r^2$

Seitenlinie: $s = \sqrt{r^2 + h^2}$

Volumen: $V = \frac{1}{3} \cdot G \cdot h = \frac{1}{3} \cdot \pi r^2 \cdot h$

Mantelfläche: $M = \pi \cdot r \cdot s$

Oberfläche: $O = G + M = \pi \cdot r \cdot s + \pi r^2$

Kugel

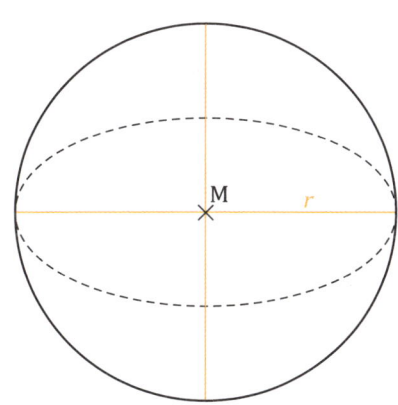

Volumen: $V = \frac{4}{3} \cdot \pi \cdot r^3 = \pi \cdot \frac{d^3}{6}$

Oberfläche: $O = 4 \cdot \pi \cdot r^2 = \pi \cdot d^2$

Analytische Geometrie

Koordinatensysteme

KARTESISCHES KOORDINATENSYSTEM

Zweidimensionales kartesisches Koordinatensystem

Koordinaten eines Punktes in der Ebene $P\,(x, y)$

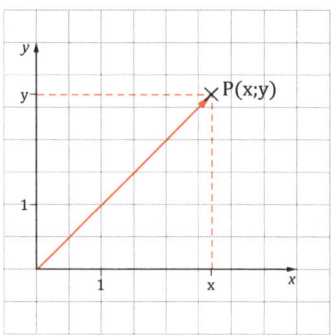

Dreidimensionales kartesisches Koordinatensystem

Koordinaten eines Punktes im Raum $P\,(x, y, z)$

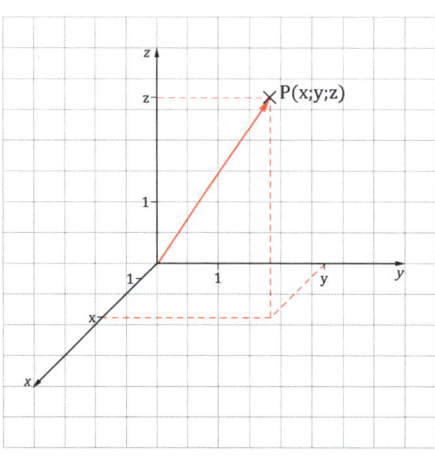

POLARKOORDINATENSYSTEM

Koordinaten eines Punktes in der Ebene

$P\,(r;\varphi)$ mit $0 < r < \infty$ und $0 < \varphi < 360°$

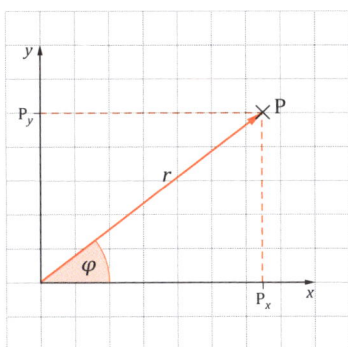

Zur Umrechnung von kartesischen Koordinaten in Polarkoordinaten gilt:

$x = r \cdot \cos \varphi$

$y = r \cdot \sin \varphi$

$r = \sqrt{x^2 + y^2}$

Vektoren

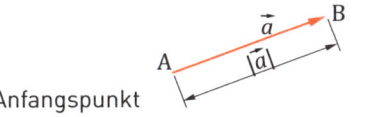

Vektor $\vec{a} = \overrightarrow{AB}$ mit der Länge $|\vec{a}| = a$

$\vec{a} = a\,(x, y) = \begin{pmatrix} x \\ y \end{pmatrix}$

Die Länge eines Vektors $\vec{a}$ wird durch a angegeben.
Der Länge eines Vektors entspricht sein Betrag.

Es gelten die folgenden Regeln: $\quad |\vec{a}| = |-\vec{a}|$

$$c \cdot |\vec{a}| = c \cdot |-\vec{a}|$$

VEKTOREN IM ZWEIDIMENSIONALEN RAUM

$$|\overrightarrow{AB}| = |\vec{b} - \vec{a}| = \sqrt{(b_x - a_x)^2 + (b_y - a_y)^2}$$

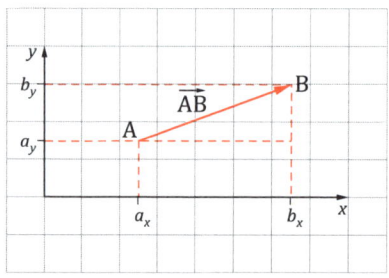

VEKTOREN IM DREIDIMENSIONALEN RAUM

$$|\overrightarrow{AB}| = |\vec{b} - \vec{a}| = \sqrt{(b_x - a_x)^2 + (b_y - a_y)^2 + (b_z - a_z)^2}$$

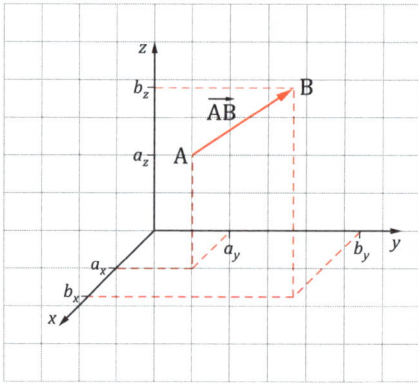

ORTSVEKTOREN

Vektoren mit einem gemeinsamen Anfangspunkt werden **Ortsvektoren** genannt.
Die Vektoren $\vec{a}$ und $\vec{b}$ sind Ortsvektoren, die Vektoren $\vec{c}$ und $\vec{d}$ nicht.

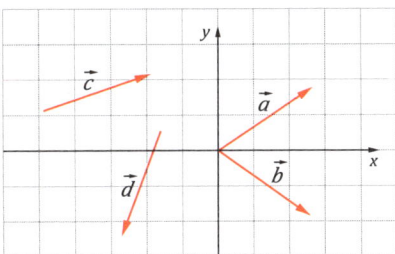

RADIUSVEKTOREN

Ortsvektoren, deren Anfangspunkt im Ursprung des Koordinatensystems liegt, heißen
Radiusvektoren.
Betrag eines Radiusvektors in der zweidimensionalen Ebene: $|\vec{a}| = \sqrt{a_x^2 + a_y^2}$

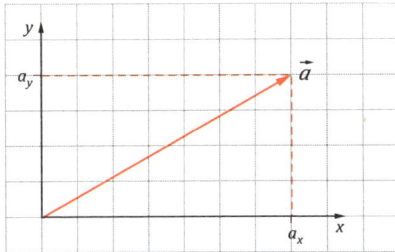

Betrag eines Radiusvektors im dreidimensionalen Raum: $|\vec{a}| = \sqrt{a_x^2 + a_y^2 + a_z^2}$

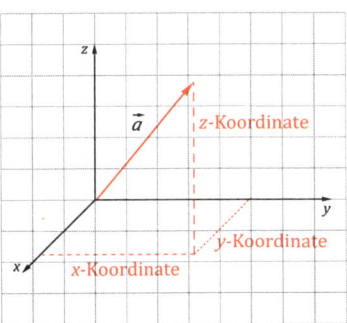

KOLLINEARE VEKTOREN

Vektoren, die zu derselben Gerade parallel verlaufen, heißen **kollineare Vektoren**.

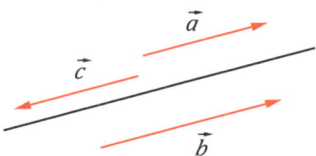

GEGENVEKTOREN

Vektoren mit demselben Betrag, aber mit entgegengesetzter Richtung heißen **Gegenvektoren**.

$(-1) \cdot \vec{a}$ heißt Gegenvektor zu $\vec{a}$

SONDERFORMEN

Einheitsvektor

Ein Einheitsvektor hat den Betrag 1. Er entspricht einer Verschiebung um eine Einheit in eine Richtung. Einheitsvektoren sind zum Beispiel: am Einheitskreis zu finden.

$|\vec{a}| = 1$

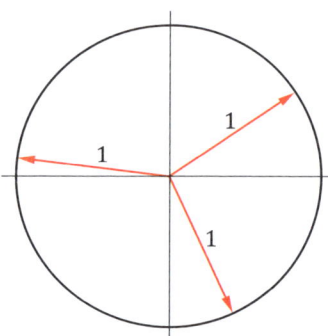

Nullvektor

Ein Nullvektor hat den Betrag 0.

$|\vec{0}| = 0$

$$\vec{0} = \begin{pmatrix} 0 \\ 0 \\ 0 \end{pmatrix}$$

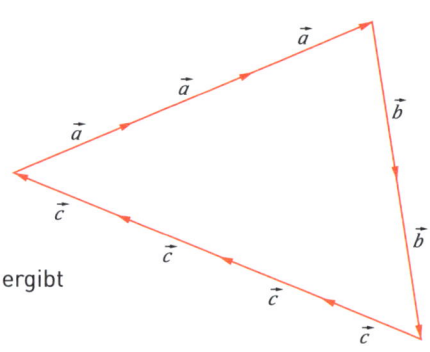

Die (Linear-)Kombination der Vektoren $\vec{a}, \vec{b}, \vec{c}$ ergibt als Ergebnisvektor einen Nullvektor.

VEKTOREN IN DER EBENE

Addition von Vektoren

$$\vec{a} + \vec{b} = \begin{pmatrix} a_1 \\ a_2 \\ a_3 \end{pmatrix} + \begin{pmatrix} b_1 \\ b_2 \\ b_3 \end{pmatrix} = \begin{pmatrix} a_1 + b_1 \\ a_2 + b_2 \\ a_3 + b_3 \end{pmatrix}$$

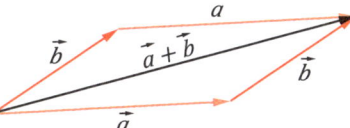

Es gilt:

$\vec{a} + \vec{b} = \vec{b} + \vec{a}$ (Kommutativgesetz)

$(\vec{a} + \vec{b}) + \vec{c} = \vec{a} + (\vec{b} + \vec{c})$ (Assoziativgesetz)

Subtraktion von Vektoren

$$\vec{a} - \vec{b} = \begin{pmatrix} a_1 \\ a_2 \\ a_3 \end{pmatrix} - \begin{pmatrix} b_1 \\ b_2 \\ b_3 \end{pmatrix} = \begin{pmatrix} a_1 - b_1 \\ a_2 - b_2 \\ a_3 - b_3 \end{pmatrix}$$

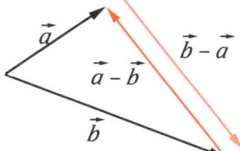

Die Differenz von zwei Vektoren $\vec{a}$ und $\vec{b}$ wird gebildet, indem zu Vektor $\vec{b}$ der Gegenvektor von $\vec{a}$ addiert wird:

$\vec{b} - \vec{a} = \vec{b} + (-\vec{a})$

Multiplikation eines Vektors mit einem Skalar

Ein Skalar ist eine nur durch einen einzigen Zahlenwert gekennzeichnete ungerichtete Größe.

$$c \cdot \vec{a} = c \cdot \begin{pmatrix} a_1 \\ a_2 \\ a_3 \end{pmatrix} = \begin{pmatrix} c \cdot a_1 \\ c \cdot a_2 \\ c \cdot a_3 \end{pmatrix}$$

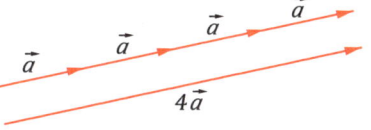

Es gilt:

$(k \cdot m) \cdot \vec{a} = k \cdot (m \cdot \vec{a})$ (Assoziativgesetz)

$k \cdot (\vec{a} \cdot \vec{b}) = k \cdot \vec{a} + k \cdot \vec{b}$ (Distributivgesetz)

Lineare Unabhängigkeit

Zwei Vektoren $\vec{a}$ und $\vec{b}$ heißen **linear unabhängig**, wenn sich keiner der Vektoren als Vielfaches des anderen darstellen lässt.

Linearkombination

Jeder Vektor $\vec{v}$ der Ebene lässt sich auf genau eine Weise als Linearkombination aus zwei linear unabhängigen Vektoren $\vec{a}$ und $\vec{b}$ darstellen.

$\vec{a}$ und $\vec{b}$ heißen dann Basisvektoren.

$$\vec{v} = r_1 \cdot \vec{a} + r_2 \cdot \vec{b} \quad \text{mit} \quad r_n \in R$$

Die Vektoren $\vec{a}$ und $\vec{b}$ sind linear unabhängig, wenn der Nullvektor nur über eine Linearkombination mit $r_1 = r_2 = 0$ gebildet werden kann.

$$\vec{0} = r_1 \cdot \vec{a} + r_2 \cdot \vec{b} \quad \rightarrow \quad r_1 = r_2 = 0$$

Linear unabhängige Vektoren:

Lineare Abhängigkeit

Zwei Vektoren $\vec{a}$ und $\vec{b}$ werden als **linear abhängig** bezeichnet, wenn gilt:

$$\vec{0} = r_1 \cdot \vec{a} + r_2 \cdot \vec{b} \quad \rightarrow \quad r_1 \neq 0 \text{ und } r_2 \neq 0$$

Linear abhängige Vektoren:

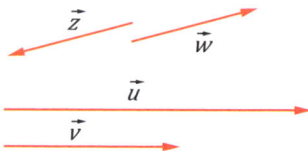

Beispiel:
Frage: Sind die beiden Vektoren $\vec{a}$ und $\vec{b}$ linear abhängig?

$$\vec{a} = \begin{pmatrix} -1 \\ 2 \\ 3 \end{pmatrix}, \vec{b} = \begin{pmatrix} 4 \\ -8 \\ -12 \end{pmatrix}$$

$$\vec{a} = -\tfrac{1}{4}\vec{b} \quad \rightarrow \quad -\tfrac{1}{4}\vec{b} = -\tfrac{1}{4} \cdot \begin{pmatrix} 4 \\ -8 \\ -12 \end{pmatrix} = \begin{pmatrix} -1 \\ 2 \\ 3 \end{pmatrix}$$

Die beiden Vektoren sind linear abhängig, da $\vec{b}$ ein Vielfaches von $\vec{a}$ ist.

Geradengleichungen

PUNKTRICHTUNGSGLEICHUNG

Gerade g durch den Punkt P mit dem Richtungsvektor $\vec{v}$

$$\begin{pmatrix} x \\ y \\ z \end{pmatrix} = \begin{pmatrix} x_0 \\ y_0 \\ z_0 \end{pmatrix} + t \begin{pmatrix} v_x \\ v_y \\ v_z \end{pmatrix}$$

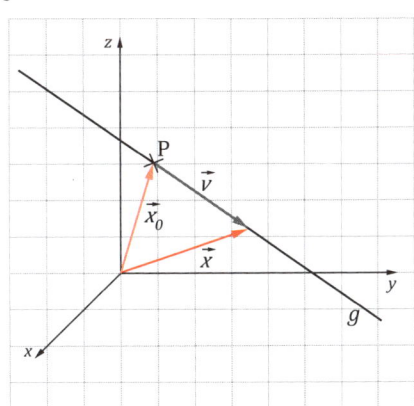

ZWEIPUNKTGLEICHUNG

Gerade g durch die Punkte P_1 und P_2

$$\begin{pmatrix} x \\ y \\ z \end{pmatrix} = \begin{pmatrix} x_1 \\ y_1 \\ z_1 \end{pmatrix} + t \begin{pmatrix} x_2 - x_1 \\ y_2 - y_1 \\ z_2 - z_1 \end{pmatrix}$$

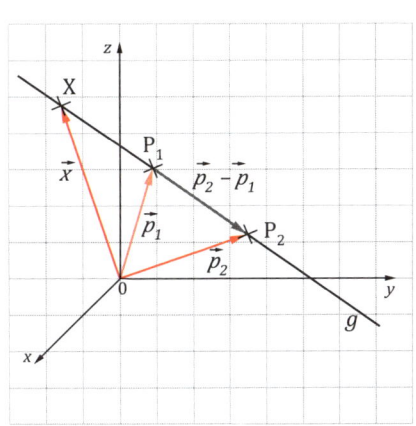

Register

Schülerhilfe!
Das Original. Seit 1974.

Gutschein

für 2 kostenlose Nachhilfestunden*

Jetzt Termin sichern!

√ Motivierte und erfahrene Nachhilfelehrer

√ Regelmäßiger Austausch mit den Eltern

√ Individuelles Eingehen auf die Bedürfnisse der Kinder und Jugendlichen

Bitte hier ausfüllen

und in der nächstgelegenen Schülerhilfe vor Ort abgeben.
Weitere Infos über die Schülerhilfe unter www.schuelerhilfe.de.

Vorname

Name

PLZ

Ort

Straße

Geburtsdatum

Telefon

E-Mail

*Gültig nur in teilnehmenden Schülerhilfen. Gültig nur für Neukunden. Nur ein Gutschein pro Kunde. Nicht gültig in Verbindung mit anderen Aktionen, Angeboten, Coupons oder Rabatten. Gültig nur für Einzelunterricht in kleinen Gruppen.